陕西省小型水电站设计与建设

陕西省小水电行业协会　组织编写
夏建军　主编

中国水利水电出版社
www.waterpub.com.cn
· 北京 ·

内 容 提 要

本书全面总结陕西省小型水电站近年来在规划、设计、建设等方面的成绩、经验、教训，包括陕西省小水电发展、技术总结、技术专题、建设管理、典型水电站等五部分，基本涵盖了小水电建设的全过程，内容全面，深入浅出，图文并茂。

本书适用于各级水行政主管部门、大专院校、设计单位、管理单位人员学习参考使用。

图书在版编目（CIP）数据

陕西省小型水电站设计与建设 / 夏建军主编 ; 陕西省小水电行业协会组织编写. -- 北京 : 中国水利水电出版社, 2018.5

ISBN 978-7-5170-6488-6

Ⅰ. ①陕… Ⅱ. ①夏… ②陕… Ⅲ. ①小型－水力发电站－设计－陕西②小型－水力发电站－水利建设－陕西 Ⅳ. ①TV742

中国版本图书馆CIP数据核字(2018)第101790号

书　　名	**陕西省小型水电站设计与建设** SHAANXI SHENG XIAOXING SHUIDIANZHAN SHEJI YU JIANSHE
作　　者	陕西省小水电行业协会　组织编写 夏建军　主编
出版发行	中国水利水电出版社 （北京市海淀区玉渊潭南路1号D座　100038） 网址：www.waterpub.com.cn E-mail：sales@waterpub.com.cn 电话：（010）68367658（营销中心）
经　　售	北京科水图书销售中心（零售） 电话：（010）88383994、63202643、68545874 全国各地新华书店和相关出版物销售网点
排　　版	北京时代澄宇科技有限公司
印　　刷	天津嘉恒印务有限公司
规　　格	184mm×260mm　16开本　10印张　237千字
版　　次	2018年5月第1版　2018年5月第1次印刷
印　　数	0001—1500册
定　　价	**80.00**元

本书编审委员会

前言

单站装机容量小于50MW的水电站为小型水电站，又叫农村水电或小水电，后文统一称为小水电。

陕西省地处西北内陆，小水电资源可开发量为3110MW，其中78%分布在陕南地区。1998年以前，各级水利部门结合水利工程建设，治水办电相结合，大力发展小型水电站，建设了31个水电农村初级电气化县，为解决全省偏远山区的用电问题做出了历史性的贡献。1998年，省政府在岚皋县召开了全省第三批农村水电初级电气化县建设现场会，鼓励社会资本投资小水电建设，掀起了社会资本投资小水电的热潮，先后又实施了小水电代燃料生态保护工程、水电新农村电气化县、农村水电增效扩容改造、小水电扶贫工程等民生项目，小型水电站达到了2016年末的690余处共1449MW，在建400MW。累计完成投资140亿元，累计发电量420亿kW·h，产值128亿元。小水电在促进地方经济发展，改善农村基础设施条件，增强防洪、抗旱能力等方面发挥了积极的作用。全省小型水电站设备技术先进，运行管理规范，基本实现无人值班、少人值守，部分实现了集中控制。在水能资源管理、小水电规划及建设、安全生产标准化建设、绿色水电建设及技术管理等方面都走在了全国的前列。

进入新时期，小水电的发展也面临着成本、环境、社会等一系列问题和挑战，从宏观战略和区域经济发展层面看，小水电在提供清洁电力，替代节约化石能源，减排温室气体和烟粉尘，在防洪减灾、江河治理、保障供水、扶贫脱困等方面仍大有可为。全省小水电开发率超过了50%，但远低于发达国家90%以上的开发水平，仍有一定的发展潜力。

站在新时代的历史方位，贯彻中央"节水优先、空间均衡、系统治理、两手发力"的新时期水利工作方针及省委省政府确定的"关中留水、陕南防水、陕北引水"的区域方略，按照全省第十三次党代会部署的"五新"战略任务，坚持柔性治水，全面构建陕西水安全体系，首善在水，水利陕西，实现"水润三秦、水美三秦、水富三秦"。小水电是水工程和江河治理的重要组成部分，要按照河湖生态空间用途管制要求，根据资源禀赋和地方开发的意愿，新建与改造并举，因地制宜发展，高标准严要求，把每一座电站都建成绿色水电站。将水能资源开发与水系建设及防洪、灌溉等紧密结合，增强水资源调控能力；将水电开发与水景观、水文化、湿地建设、游憩、泛旅游等深度融合，尽可能“聚集水、留住水、涵养水、用好水”，发挥水电更多社会功能，全面推进小水电向绿色水电的升级转型，更好地服务于全省经济社会发展。

为了总结全省小水电近年来在规划、设计、建设等方面的经验、教训，更好促进今后水电建设及管理，陕西省小水电行业协会组织编写了本书。本书将与2015年出版的《小型水电站安全生产标准化管理模式》、2016年出版的《小型水电站运行》一道形成全省小水电建设、管理、运行完整的技术体系，分别适用于水电站规划设计与建设、水电站运行管理、水电站运行人员层面使用。本书的出版将对我省小水电建设与运行起到积极的促进作用。本书包括全省小水电建设、技术总结、技术专题、建设管理、典型电站等五部分，基本涵盖了小水电建设的全过程。技术总结中提出了水文、水工等部分在设计、审查中的常见问题，机电及金属结构部分重点强调了有关工程建设强制性条文的贯彻。

本书的编写和出版得到了陕西省水利厅有关领导和西北农林科技大学水利与建筑工程学院的支持和指导，西北水电勘测设计研究院原总工傅建臣、陕西省水利水电工程咨询中心原主任刘生秦、陕西省水电开发有限责任公司原总工王国锋、西北水电勘测设计研究院董翠萍教高对本书提出了宝贵意见，各有关公司、电站提供了大量资料、照片，在此一并表示衷心感谢！

由于作者水平所限，错误之处在所难免，敬请读者批评指正！

本书编审委员会

2017年10月

目录

第1章 小水电建设情况

1.1 水资源及水能资源基本情况

陕西省地处西北内陆腹地，国土面积 20.58 万 km^2，总人口 3793 万。地势总的特点是南北高、中间低、西部高、东部低，以秦岭、北山为界，北部为陕北黄土高原，中部为号称“八百里秦川”的关中平原，南部为陕南秦巴山地。

1.1.1 河流水系

以秦岭为界，形成两大流域。秦岭以南属长江流域，秦岭以北属黄河流域。长江流域分嘉陵江水系、汉江水系两个独立的水系，黄河流域分黄河北干流右岸水系、渭河水系、伊洛河水系 3 个独立的水系。全省流域面积大于 $10km^2$ 的河流共有 4296 条，其中黄河流域 2518 条，长江流域 1778 条。大于 $100km^2$ 的河流 568 条，大于 $1000km^2$ 的河流 64 条，大于 $5000km^2$ 的河流 9 条，大于 $10000km^2$ 的河流 5 条。省内黄河流域主要河流有窟野河、无定河、延河、渭河、泾河、洛河、伊洛河等；长江流域主要河流有汉江、丹江、旬河和嘉陵江等。

1.1.2 水资源

全省多年平均降雨量为 656.2mm。其中，陕北 454.3mm，关中 647.6mm，陕南 894.7mm。变化规律是南多于北，西略多于东，高山多于平川。最高值区在陕南米仓山，年降雨量在 1400mm 以上；最低区在陕北风沙区西南部，年降雨量在 400mm 以下。年内降雨不均，50％以上在夏季 7—9 月，春秋两季不足 50％，冬季仅 2％～3％，夏季暴雨集中易成洪涝，无雨时又多高温亢旱，秋季时有持续霖雨，易生渍涝灾害，冬春少雨，屡见干旱。水资源总量 423 亿 m^3，折合平均产水深 205.7mm，其中黄河流域水资源总量 116.58 亿 m^3，长江流域水资源总量 306.70 亿 m^3。人均和耕地亩均水资源量分别为 $1125m^3$ 和 $986m^3$，均为全国平均水平的一半左右，是一个水资源短缺的省份。省内水资源时空分布严重不均，人口和经济总量占全省 70％以上的关中地区，水资源量不足全省的 30％。除陕北风沙区，由于地下水对河流补给量较大、径流的月变化较少外，其余地区年径流的 50％～70％集中于汛期连续最大 4 个月内，出现的月份陕北、关中多在 6—9 月，陕南多为 7—10 月。径流的年际变化最大的是子午岭至三水河上游区，C_v 值在 0.7 以上；其次为关中平原，皇甫川—孤山川、窟野河下游及丹江上游区，在 0.6 以上；最小是榆溪河—秃尾河上游区，小于 0.2。河川径流量的分布基本上和降水分布趋势一致，南部大于北部，山区大于平原，多数河流具有汛期河水暴涨暴落的特点，陕北的河流峰量大，沙量大，常流量小，洪峰过程短，陕南的河流常流量较大，洪峰过程长，含沙量小。

1.1.3 水能资源

全省水能资源总理论蕴藏量为13899.36MW。其中，黄河流域3136.93＋5979.8/2MW，长江流域7772.53MW。全省农村水能资源技术可开发总量3115.68MW，年发电量124.32亿kW·h，其中黄河流域713.38MW，年发电量30.57亿kW·h，长江流域2402.3MW，年发电量93.75亿kW·h。全省水能资源可开发量6660MW。黄土高原沟壑纵横，河网密度大，多呈树枝状水系，一般水量小洪枯变幅大，泥沙含量高，水力资源不丰富，平均66MW/km^2；关中渭北平原河网密度小，降水量小、泥沙大、水力资源较小；秦岭北麓各支流，一般源短流急，水量较丰沛，峪口以上比降大，有一定的水力资源。秦岭以南长江流域面积占全省的1/3，流域面积在100km^{2}及其以上河流水力资源平均1047.7MW/km^2，一般源远流长，河谷狭窄，基岩裸露，比降大，水量丰沛，水力资源丰富。

1.1.4 小水电可开发量

全省小水电可开发量3110MW，陕南地区占到74.3%，关中占24%，陕北地区占1.7%，见表1-1和图1-1。因此，陕西省小水电开发利用的重点在陕南地区。

表1-1　　陕西省河流水能资源理论蕴藏量情况一览表

流域面积100km^{2}以上河流				河流水能资源理论蕴藏量10MW以上河流			
流域	理论蕴藏量/MW	水系	理论蕴藏量/MW	流域	理论蕴藏量/MW	水系	理论蕴藏量/MW
长江	7575.10	嘉陵江水系	873.76	长江	7113.45	嘉陵江	843.8
		汉江水系	6701.34			汉江水系	6269.65
黄河	3085.98＋5979.8/2	黄河北干流右岸水系	548.90	黄河	2665.59＋5979.8/2	黄河北干流右岸水系	393.0
		渭河水系	2383.10			渭河水系	2167.3
		伊洛河水系	153.98			伊洛河水系	105.29
合计	13650.98		13650.98	合计	12768.94		12768.94

注　表中5979.8/2MW为黄河北干流理论蕴藏量，界河陕西省占一半。

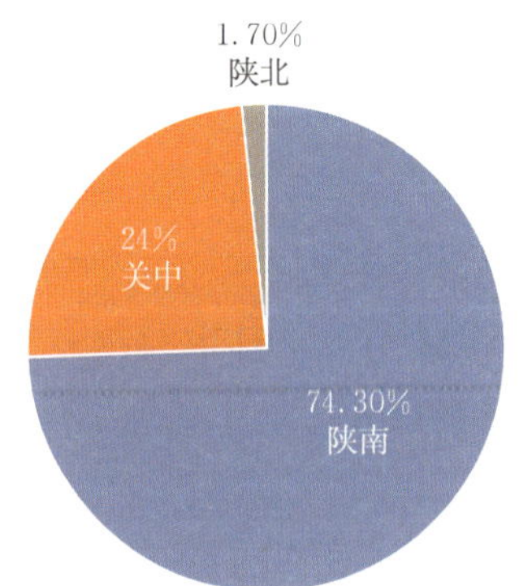

图1-1　陕西省水能资源可开发量分布
（装机容量小于50MW）

1.2 小水电开发建设历程

1.2.1 20世纪80年代以前

陕西省第一座水电站是汉中武家沟水电站。由国民政府经济部资源委员会投资，利用汉中褒惠渠二支渠跌水修建，1946年5月发电。该站引用流量2.5m^3/s，水头12.5m，装机容量0.16MW，年发电量57万kWh，主要供汉中市城镇照明及地方工业用电。1949年12月，武家沟水电站被向四川溃退的国民党军队炸毁。后安装了一台从上海运回的美制0.21MW水轮发电机，于1950年8月16日恢复发电。

新中国成立后，为了解决陕南等大电网尚未覆盖地区的用电问题，各地结合水利工程建设，在有条件的地区开发小水电。1953年，武功水科所利用渭惠渠渠道跌水修建一座水工试验水电站，装机容量0.04MW。省水利局1955年在渭惠渠修建了装机容量0.16MW的绛帐水电站，经改造后至今仍在发挥效益。镇坪县建设了1.5MW的南江水电站，结束了县城无电历史，南江水电站已被列入省级文物保护单位、近现代史迹及代表性建筑。小水电规模较小，单站运行、低压输电、就近供用户照明、生产，虽然技术和设备不断得到改进，但受制于资金和体制等因素，小水电发展总体上速度慢、规模小，虽然分散独立供电模式单一，但解决了偏远山区用电问题，初步告别了无电历史。1965年3月，陕西省水利局始设农电管理局。

1.2.2 20世纪80年代至90年代末

小水电逐步发展，发供电一体。1983年，省政府办公厅以陕政办发〔1983〕163号文转发西北电业管理局、省水利水保厅制订的《陕西省小水电站（网）与大电网并联运行中若干问题的规定》，明确大小电网关系，形成自发自供县电网和跨县电网，逐步与大电网联网，从主要解决农村居民照明用电逐步发展到解决照明、加工、排灌及乡镇企业用电，为地方经济社会发展提供电力。全省紫阳、岚皋、镇坪等22个县以小水电起步，由小水电供电，形成地方政府管理的电网。2000年，全省共建成了31个农村水电初级电气化县。小水电成为点亮中国农村，解决农村和偏远地区用电问题的重要力量。

1.2.3 1998年以来

1998年7月27日，省政府第十七次常务会议审议了省政府办公厅《关于将绥德等12个县属电力企业划归省农电局管理的通知》，至此，全省由地方政府管理的22个县电网全部划归省农电局管理，县属水电站仍保留给地方。小水电率先实现了厂网分离，电源端推向市场。1998年5月，陕西省人民政府在安康市岚皋县召开了“全省第三批农村水电初级电气化县建设现场会”，会议鼓励社会资本投资小水电。私营资本逐步成为全省小水电建设的主体，浙江省、福建省等省份民营企业及部分国有发电集团公司纷纷来陕西开发小水电，全省掀起了小水电开发的热潮，步入发展最快的时期。

1.3 小水电历年发展情况及现状

1.3.1 历年新增及历年年末发展情况

1998—2016 年，全省累计新增小水电 393 处 1250MW，截至 2016 年年底，全省已建成小水电站 690 座、装机容量 1449MW，固定资产 108 亿元。从业人员 8366 人。在建装机容量 400MW。

新建与改造并举，实施了农村水电增效扩容改造工程。2012 年完成了 35 个项目增效扩容改造。2013—2014 年完成 50 处水电站增效扩容改造，总投资 4.2 亿元。改造完成后装机容量由 109MW 提高到 137MW，年发电量由 2.66 亿 kW·h 提高到 4.46 亿 kW·h。目前仍有 53 处水电站正在进行增效扩容改造。

全省农村水电资源开发率超过 50%，岚河、湑水河、池河、泾河、洛河等一些河流开发程度已达 80%。全省已建成水电站主要分布在汉中市、安康市，占全省 64%，各市水电站情况见表 1-2、图 1-4。

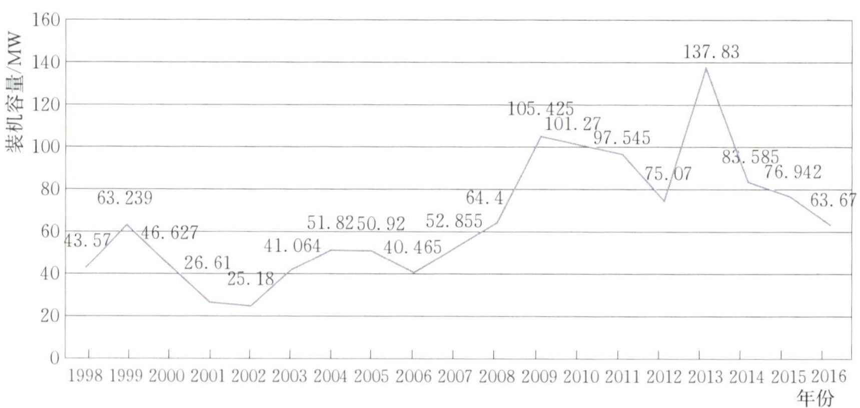

图 1-2 陕西省小水电历年新增装机情况

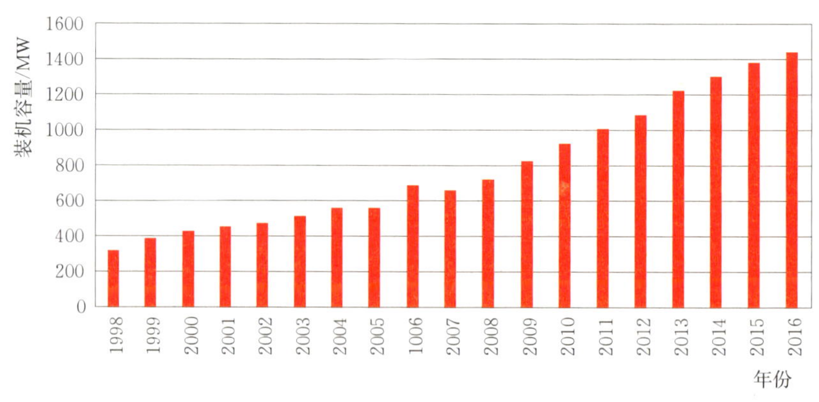

图 1-3 陕西省历年小水电装机情况

表 1-2　　2016 年末陕西省各市小水电发展情况

省/市（区）	可开发量/万 kW	年末实际装机		年发电量/（万 kW·h）	从业人数/人
		处	容量/MW		
陕西省	3115.7	690	1449	342894	8366
西安市	175.3	48	80.6	24688	431
铜川市	10.4	1	4.2	880	18
宝鸡市	390.1	130	212.2	41267	1354
咸阳市	106.3	9	96.2	23207	770
渭南市	57.9	9	36.1	8563	204
延安市	18.8	10	5.8	1180	113
汉中市	1115.6	203	471.9	92385	2435
榆林市	33.5	5	16.8	7730	457
安康市	843.6	186	448.6	125222	1640
商洛市	357.7	85	70.8	15923	917
杨凌区	6.5	2	6.1	1849	27

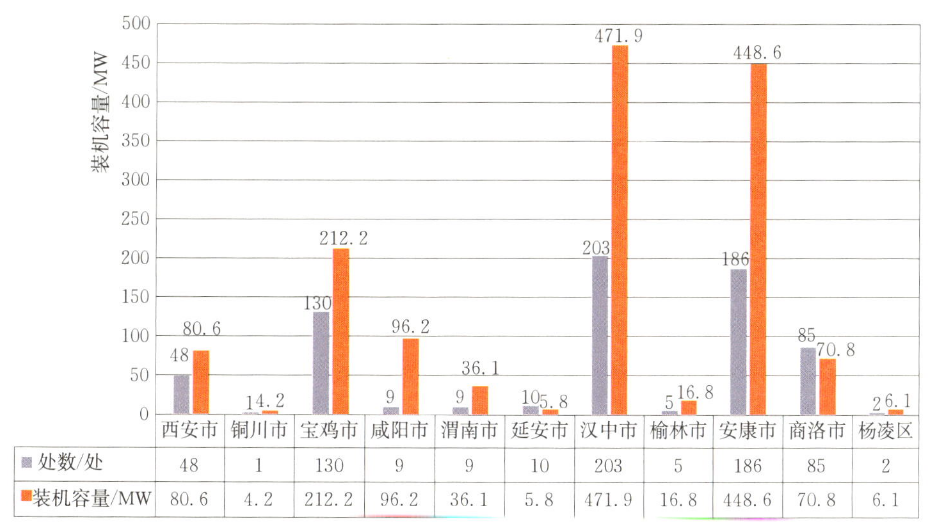

图 1-4　2016 年末各市小水电处数及装机容量

1.3.2 历年发电情况

1998—2016 年，全省小水电累计发电 427 亿 kW·h，产值 128 亿元。2011 年降雨 850.7mm，属丰水年，全省年平均利用小时达到 3514h，属于利用小时最高年份。1999 年仅有 1857h，属于利用小时最低年份（图 1-5）。

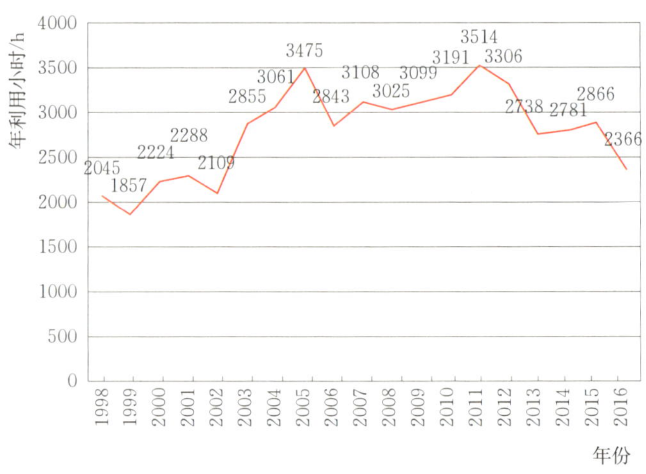

图 1-5 全省小水电历年年利用小时

1.3.3 历年完成投资情况

1998—2016 年，全省小水电累计完成投资 140 亿元，其中中央和陕西省投资 8.2 亿元。以水电新农村电气化县、增效扩容改造、小水电代燃料等国家投资项目为引导，充分发挥市场融资作用。完成投资最多的是 2011 年，完成投资 11.6 亿元，中央和陕西省投资最多的是 2012 年，达到 2.1 亿多元（图 1-6）。

2016 年末全省农村水电固定资产达到 103 亿元。

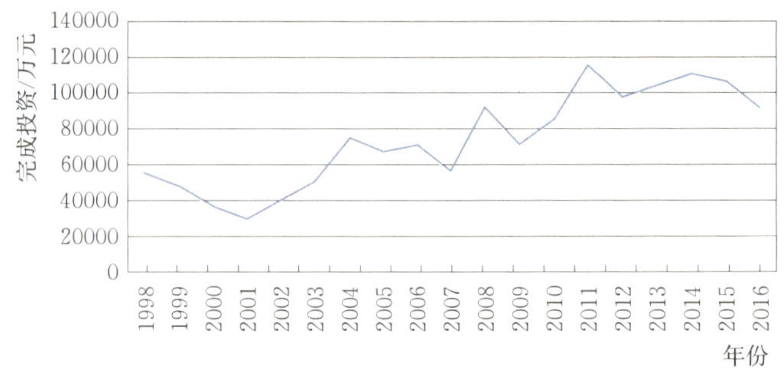

图 1-6 全省小水电历年完成投资情况

1.3.4 技术水平

小水电逐步迈向现代化。新建电站及增效扩容改造电站基本实现了无人值班、少人值守，二郎坝、石门等电站实现了集控、远控（图 1-7）。但也存在新老电站规模、技术水平差异大的情况，全省水电装机中，10（含）～50MW 水电站 28 座，装机容量 526MW，1（含）～10MW 水电站 235 座，装机容量 787MW，1MW 以下水电站 427 座，装机容量 136MW，处数占全省 66%，但装机仅占 11%。这些电站建设年代久远，技术水平、管理水平相对落后。

图 1-7 宁强二郎坝水电站集控中心

1.4 小水电的技术及行业管理工作

1.4.1 水能资源及水能规划

2003 年，配合完成了中华人民共和国水能资源复查陕西省部分，2008 年完成全省农村水能资源调查评价，中华人民共和国农村水能资源调查评价报告（陕西卷）已正式出版。全省农村水能资源可开发量 3110MW，调查评价查清了全省资源家底，为规划、开发奠定了基础。

2010 年，省政府办公厅以陕政办发〔2010〕131 号印发《陕西省小水电开发利用规划》，该规划成为全省小水电开发利用的重要依据。规划电站总计 405 座，总装机容量 1726MW。2011—2015 年，全省已实施 85 座，装机容量 540MW。

2016 年，根据水生态文明建设的要求，按照新的开发思路修编了《陕西省小水电开发利用规划》，经省政府同意后以陕水发〔2016〕29 号正式印发。规划确定了 10 项优先开发的清单、7 项减少清单，明确了水电开发的方向，全省共规划电站 239 座，装机容量 1250.2MW，大大降低了开发强度。近期（2020 年）实施意见中，以嘉陵江水系和汉江水系为重点，结合农村水电扶贫项目新建、改扩建项目建设，在近期（2020 年以前），全省规划实施电站 61 座，装机容量 363.08MW。

1.4.2 小水电技术审查及验收

2004 年以前，小电站实行审批制，0.5MW 以上水电站由省级审批；2005—2013 年，实行核准制，5MW 以上水电站由省级核准；2015 年以后，单站 25MW 以上及跨市河流上水电站由省级核准。自 2008 年以来，省级先后完成了旬阳县赵湾、镇巴县田坝等 22 座电站（装机 419MW）可行性研究报告的技术审查，完成了旬阳大岭、镇坪白土岭等 28 座电站（装机 440MW）的初步设计技术审查。及时发现西乡县左溪水电站拱坝重大隐患，并进行论证处理。完成了 36 座（总装机 406MW）水电站的技术验收。

1.4.3 绿色水电建设

1. 明确生态流量下泄要求

从2006年起，先后下发了《关于农村水电站最小下泄流量有关问题的通知》（陕水电发〔2007〕6号）、《关于加强水能资源开发管理维护生态安全的通知》（陕水电发〔2010〕11号），明确下泄流量标准、工程设施等具体要求。

2. 建立技术体系

2014年印发了《绿色水电建设指导意见》（陕水电发〔2014〕号），明确了生态流量下泄标准、工程措施、运行方式等要求。从水能资源管理、规划、设计、施工、验收、运行等阶段采取技术措施，在工程开发方式、工程任务、水能计算、机组选型、工程布置、泄放措施、运行方式、经济评价等各环节，均考虑生态的要求，系统解决厂坝区间河段碱水脱流问题。率先在全国开展绿色水电前沿课题研究，《陕西省绿色小水电建设及运行技术研究》2014年列入陕西水利科技计划项目，建立陕西省绿色水电技术、标准、政策、法律体系。

3. 精心培育，典型带动

紫阳县新坪垭、太白县白云峡、太白县山峡3座电站已列入联合国环境基金（GEF）"中国农村水电站增效扩容改造绿色增值"项目，电站增设生态放水工程设施、最小下泄流量在线监测系统。9座水电站被水利部授全国首批"绿色小水电站"称号，占全国44座电站的20%，发挥了示范带动效应。

1.4.4 水电站标准化管理

自2010年以来，制定印发了《陕西省农村水电站标准化管理指导意见》《陕西省农村水电站安全分类评价标准》《陕西省农村水电站安全生产标准化技术指南》《陕西省农村水电站安全生产标准化评价标准》，推进全省农村水电站安全生产标准化及运行管理标准化。加强职工培训，提高运行人员的业务知识、操作技能和安全意识。近年来累计培训4000多人次。

1.4.5 完善技术体系

组织编写的本书，以及《小型水电站安全生产标准化管理模式》《小型水电站运行》，均由中国水利水电出版社正式出版，总字数180余万字。三本书分别适用于设计建设、水电站管理层面、运行人员层面，全省小水电形成了完整的技术体系。

1.4.6 陕西省小水电行业协会

陕西省小水电行业协会由陕西省水电开发管理中心等单位发起成立，省民政厅2008年12月批准筹备，于2009年6月正式注册成立。协会在技术交流、行业培训等方面发挥了重要作用。2013年在全国首次社团评级中，被授予4A级协会。协会工作得到了水利部的肯定，2012年，在长沙召开的全国农村水电工作会议上，陕西省小水电行业协会做了典型发言。

1. 反映诉求、维护权益、作行业代言人

（1）定期开展建设及运行成本调研测算。向物价部门上报，提前做好调价基础工作。2009年，使装机25MW以上电站电价上调3厘。2011年，使全省电价上调1分，几年来连续上调，目前最高达到0.335元/kWh。全力解决上网、结算问题，维护行业利益。

（2）协调解决上网结算等方面问题。2009年8月，协会协调电监、物价部门，及时解决了紫阳县23家企业因国网、地网间矛盾而被限制上网和不予结算的问题，避免了事态扩大和上访。向电监等部门递交了要求解决上网结算问题的报告，与电监局共同召开了上网及结算情况座谈会，促使西北电监局、省物价局、省水利厅联合下发《关于做好小水电上网电量结算工作的通知》。

（3）为广大会员争取了发言权、参与权。协会代表水电企业全程参与了全省小水电《购售电合同》《并网调度协议》的制定，争取到平等谈判的机会。协会还多次参与电量收购结算检查，维护电站权益。就无功问题积极向电监及相关部门反映，2014年实现不对功率因数进行考核。解决了泾惠渠渠首等电站上网线路租赁费等问题。

2. 积极开展技术交流

（1）组织编印《陕西小水电》（会刊），向会员单位免费赠阅《中国水能及电气化杂志》。

（2）开展技术交流咨询。一是开展专题技术交流活动。2009年、2010年召开了多泥沙河流水电站设计及运行技术交流会和水电站标准化管理经验交流会，2012年召开梯级水电站优化调度座谈会，促进上下游在防汛、发电、灌溉等方面的协作。二是建立专家库，组织专家到会员单位走访、技术指导和开展咨询工作，完成30余座水电站技术咨询。三是组织编写并出版本书以及《小型水电站运行》一书。

3. 认真研究行业发展的重大突出问题

协会每年编写发布《陕西小水电年度发展报告》，宣传政策，总结经验，分析问题，提出建议，指导民间资本科学投资。报告还发送发改委等相关部门，争取进一步支持。开展《陕西省绿色小水电建设及运行技术研究》课题研究。

4. 完善体系、强化自律、提升行业形象

协会制定和发布了《陕西省小水电行业自律公约》《陕西省小水电行业协会评优管理办法》，积极引导会员反哺社会，履行社会责任，提高行业社会声誉。

1.5 小水电的历史作用和现实担当

小水电发展以地方为主，发挥资源优势，治水办电相结合，在当时的历史条件下对全省电力工业发展，尤其是对广大山区农村的经济社会发展和农民脱贫致富作出了历史性贡献。小水电既有历史贡献更有现实担当。

1.5.1 助力贫困山区实现了农村电气化

在中央政策支持、资金扶持下，地方以自力更生为主开发小水电，建设配套电网，形成了22个区域电网，多个县以小水电供电为主。1983年国家启动农村水电初级电气化试点建设，1988年建成永寿、陇县等4个全国第一批水电初级电气化县，1995年建成全国第二批水电初级电气化县，2000年建成25个全国第三批水电初级电气化县，数量居全国第三。电气化县户通电率从1980年的不足40%提高到2010年的99.8%，户均年生活用电量从不足200kW·h提高到800kW·h。西乡县曲江洞水电站2010年建成，才彻底解决了西乡县大河镇不通电的历史。2000—2015年，后续累计建成43个更高标准的水电新农村电气化县。

1.5.2 服务民生、促进山区农民脱贫致富

“十二五”14个水电新农村电气化县、3个小水电代燃料项目的实施加强了农村基础设施建设，改善了农民生产生活条件。小水电是直接扶贫到户，如小水电代燃料，农民直接用这个电，国家给予电费补偿，农村集体经济组织和农民通过资源资金入股、征地补偿、参与工程建设和运行管理等途径，每年可稳定增加收入。小水电代燃料户年均可减少电费支出300元。项目区农民通过外出务工、发展特色农业或开展特色旅游等，每户年均增加收入5000多元。二郎坝水电站以0.35元/kW·h的低价为当地4个村直供电，供电面积约56km^2，供电人口约0.17万，供电户数约460户，当地老百姓用上低廉、稳定的电能，电费支出大大减少，减轻了农民负担。

目前正按照《中共中央国务院关于打赢脱贫攻坚战的决定》要求，陕西省积极争取列入了全国6个小水电扶贫工程实施省份，实施小水电扶贫工程建设。2016年、2017年建设10座扶贫水电站，中央投资1.567亿元，按6%的标准，年产生投资收益940余万元，全部用于为贫困户脱贫建档立卡和基础设施建设，实现造血脱贫和可持续脱贫，建立起长效脱贫的机制，助力当地实现早日脱贫目标。

1.5.3 提高防洪、灌溉能力，综合效益显著

治水办电结合，小水电在防洪、灌溉、流域治理、供水、水产养殖、亲水等方面具有多种功能。石泉县胡家湾、鹅项颈、筷子铺等水电站在建设中预留灌溉设施，为群众无偿灌溉。涓水河流域建设了观音峡、狮坝、马家沟等多座小（1）型及中型水库电站，总库容逾5000万m^3，通过调节运行提高了下游涓惠渠灌区灌溉保证率。宁强二郎坝水电站提高了下游12.2万亩农田灌溉保证率，汉中、勉县工业用水紧张状况，尤其是冬春缺水制约工业发展的状况基本得到缓解。

1.5.4 促进水利事业发展

陕西省宝鸡峡引渭灌溉工程管理局、石头河水库灌溉管理局、泾惠渠管理局3个灌区单位利用灌溉渠道建设电站10座，装机容量67MW，年发电量2.2亿kW·h，收入7000万元，有力地支持了灌溉事业发展。陕西省宝鸡峡灌区灌溉面积300多万亩，有职工3000多人，是陕西粮食生产的重要保障基础，但因为人员较多且水费偏低等因素，运行困难，多年来利用灌溉渠道建设了3座电站，总装机33.9MW，年发电量1.5亿kW·h，发电收入5000多万元，补贴了水费，有力地保证了灌区的正常运转，保证了全省粮食安全。

1.5.5 促进区域经济发展

小水电在壮大县域经济方面的作用更为显著，为确保国家南水北调、全省引汉济渭水源地安全，无污染水电产业成为陕南部分县重要的支柱产业。拉动了当地内需增长，自1998年以来，全省小水电完成投资140亿元，90%为社会投资，水电产业成为陕南部分县重要的支柱产业。宁强二郎坝水电站1999年年底投产发电，截至2012年年底，累计完成发电量24.1亿kW·h，上网电量23.2亿kW·h，实现收入5.4亿元，上缴税金1.02亿元，成为当地纳税大户，多次获得省级A级纳税人、纳税先进企业荣誉称号。

小水电建设过程中架桥修路，显著改善了当地基础设施条件。宁强二郎坝水电公司从水电站前池向宁强县城供水，以低于成本价即0.08元/m^3价格每年向县城供水约200万m^3，水质各项指标均达到生活饮用水卫生标准。西乡县乔山水电站投资2000多万元，在坝顶建设8m宽道路，解决两岸交通问题。

1.5.6 改善生态环境

实施了小水电代燃料生态保护工程，解决群众的生活燃料问题，减少薪柴消耗，保护森林。通过开展绿色小水电建设，强化电站减水河段生态修复治理和下泄流量监管，中小河流生态得到明显改善。许多地方利用小水电开发形成的水面，营造人工湿地和亲水走廊，成为城镇景观和良好的旅游、休闲活动场所。二郎坝水电站天生桥水库、石泉鹅项颈水电站库区等成为水利风景区，岚皋县岚河湾、西乡县乔山等水电站为城区形成水面景观。水电开发90%以上的河水能量转化为电能，减小了水流的破坏力，特别是梯级电站可以形成"人工阶梯—深潭系统"，控制河床的侵蚀下切，维持河床稳定，减少泥石流。

1.5.7 增加清洁能源供应、节能减排

作为最直接的低碳能源生产方式，小水电在减碳方面发挥积极作用。2014年全省小水电年发电量30亿kW·h，相当于节约标准煤195万t，减少二氧化碳排放478万t、二氧化硫排放14.4万t、氮氧化物（NO_X）排放7.2万t。运行可靠，出力相对稳定，年平均利用小时数约3200h，高于风电的1900h和太阳能发电的1100h，2014年小水电装机是风电装机的3/4，发电量是风力发电的1.5倍。小水电的减碳作用几乎要比风能高出50%，与风能和太阳能的高成本相比，不论在脱贫还是节能减碳方面，表现都十分突出。按照中央的《能源发展战略行动计划（2014—2020年）》，中国将继续实施"节约、清洁、安全"的能源发展战略，大力发展非化石能源，积极开发水电资源。

1.6 小水电当前的问题和形势

1.6.1 国家对农村水电发展方向的转变

从改革开放初期邓小平同志倡导实施农村水电初级电气化县建设以来的近30年，国家政策一直都是政府主导、鼓励、支持发展农村水电。进入"十三五"以来，小水

电面临的发展形势已经发生较大的变化。水电农村电气化县、小水电代燃料生态保护工程项目不再继续实施；国家出台的可再生配额制和优先上网的规定，并未把水电包含在内；全国《水电“十三五”规划》提出，“要按照流域内干流开发优先、支流保护优先的原则，严格控制中小流域、中小水电开发，保留流域必要生境，维护流域生态健康”；水利部已经调低新增装机目标，研究出台了《绿色水电指导意见》和《绿色小水电评价标准》，推动农村向绿色水电的升级转型，绿色水电发展将是今后农村水电发展的方向。

1.6.2 地方政府对农村水电开发态度的转变

陕西省安康市自2010年以来基本不再批准新的农村水电建设项目；2016年云南、四川、青海发文原则禁止农村水电开发；福建等省份已经试点并推行影响生态环境、经济效益差的农村水电站的报废退出工作。安徽岳西县、四川眉山县等关停自然保护区内电站。为了保障渭河宝鸡市段生态流量，陕西省宝鸡峡管理局魏家堡、杨凌和绛帐三座电站实行“发5（个月）停7（个月）”政策，枯水期林家村渠首每天下泄生态基流不小于$5m^3/s$，每年减少发电收入近2000万元。反映了小水电在对地方经济发展、安排就业方面的贡献下降，地方政府从当初大力扶持农村水电发展到今天审慎发展态度的转变，更加重视生态文明建设。

1.6.3 农村水电发展的社会环境

从理论上讲，小水电利用的是水流的势能产生效益，发电过程不耗水，不污染水资源，反而会削弱势能，有利于防洪和河流护岸，形成水面景观，发挥亲水、游憩等功能。但早期建设的电站，在当时的历史环境下，以解决当地用电为首要目标，生态意识不强，设计理念上以资源充分利用为目标，未考虑生态流量，未留工程设施。小水电所坐落的河流大部分是山区的季节性河流，丰枯矛盾突出，随着开发程度的迅速提高，减水河段累积增加，一些引水式电站片面追求发电效益，忽视水电站社会功能，不按规定下泄生态流量，造成河道大坝与厂房区间河道减水甚至脱流，影响水生态文明建设和下游群众生产生活，这也是小水电被社会广泛诟病的重要原因，但水电开发与生态环境保护之间的矛盾是可以通过技术、管理措施来解决的。

1.6.4 水电开发进入建设拐点和开发瓶颈

全省小水电开发率超过50%，进入建设拐点和开发瓶颈，水电开发步入低谷。随着开发难度加大及成本大幅上升，受自然交通条件差、开发难度大、物价及人工费上升、环境制约等众多因素影响，目前单位千瓦造价已达12000～15000元，单位电能造价3.5～5元，较“十一五”翻番，导致新开建项目日急剧减少，开发建设严重下滑，后续发展乏力（表1-3）。全省新建项目大幅减少，目前每年新投产项目主要为“十二五”期间开工的续建项目。随着开发程度的大幅提高，流域上下游调度关系更为紧密，梯级开发的统筹，与防洪、灌溉、供水的联系更息息相关，移民安置、土地征用等建设的外部环境更为复杂。总之，当前全省农村水电发展已步入发展拐点和瓶颈阶段。

表 1-3　　陕西省农村水电造价电价情况表

年份	单位	2003	2004	2005	2007—2008	2009—2011	2012—2014	2015—2016
平均单位千瓦造价	元/kW	3000	3000	5000	8000	10000	12000	15000
单位电能造价	元/kW·h	1	1.2	1.5	2	3	3.5	5
上网电价	元/kW·h	0.3	0.26	0.27	0.27	0.30	0.31	0.325
利用小时	h	3061	2855	3475	3066	3268	3022	2550

1.6.5 “放管服”及投资体制改革对小水电的影响

“放管服”及投资体制改革对小水电的建设带来积极影响，更有利于投资建设。陕西省将非跨市河流上25MW以下项目全部下放市一级核准；可行性研究报告、防洪影响评价、水资源论证报告、水土保持方案等审查意见及环境影响评价不再作为核准的前置条件；防洪影响评价、水资源论证报告、水土保持方案等不再需要由有资质的单位来编写，水土保持验收、环保验收不作为行政许可；水利项目法人审批、开工报告制度取消等。

1.7 新时期小水电的定位和思路

截至2014年年底，按电能统计，全国小水电开发率约为41%，远低于欧美发达国家的水电开发程度。世界上有将近60个国家电力结构中50%以上都是水电，我国只有20%左右，瑞士、法国开发程度达到97%，西班牙、意大利达到96%，日本达到84%、美国达到73%。小水电存在的环境问题是水利工程、涉河工程普遍存在的问题，不是自身问题，通过良好的规划设计和运行管理等措施，小水电开发对局地生态环境的不利影响完全可以降至最低程度甚至消除。从宏观战略和区域经济发展层面，开发小水电提供清洁电力，替代节约化石能源，减排温室气体和烟粉尘排放，具有巨大的环境效益，同时小水电在防洪减灾、治理江河、保障供水等方面还有综合效益和扶贫解困等社会效益，开发利用小水电利大于弊。

目前，小水电发展处于低谷，但也是升级转型的关键时期。必须要有一个与时代发展相适应的建设及管理的新方向、新思路、新要求。今后的发展，是根据能源、经济、社会需要，根据河流的资源禀赋和功能需要，因地制宜发展。划定两条线，一条线是生态红线，凡处于自然保护区、风景区的规划项目一律取消，坚决维护《陕西省小水电开发利用规划》（修编）的刚性，没有进入规划的电站坚决不能建设，即使进入了规划，也不一定建设，必须充分论证、履行相关环境保护部门的规划环评审批、项目环评审批手续后建设。另一条线是高线，即要把每座水电站都要建设成为生态的、文明的、绿色的、现代的水电工程。

1.7.1 与当前水利大方向紧密结合

水能资源是水资源的重要组成部分，水电站是水工程的一种，必须站在系统治水、大水利的立场、角度去布局水电。认真贯彻习总书记提出的“节水优先、空间均衡、系统治理、两手发力”的新时期治水方针和省委省政府提出的区域治水方略，坚持柔性治水的思路，紧密结合当前全省水利发展的区域方略、战略布局、治水思路，根据河湖生态空间用途管制要求，结合全省正在实施的关中水系、全省水系建设，将水能资源开发与水系连通、水景观、水文化、湿地建设及防洪、灌溉等紧密结合，将水电开发与生态建设、旅游开发深度融合，尽可能“聚集水、留住水、涵养水、用好水”，建设游憩、泛旅游、休闲、健身、亲水、营地等滨水设施，发挥水电更多社会功能。

1.7.2 确定优先发展方向

对今后水电的发展，有所为有所不为，必须明确发展哪些类型水电站，减少或者反对哪些类型水电站。按照《陕西省小水电开发利用规划》(修编）确定的10项优先开发的清单、7项减少清单，优先开发建设综合利用水利枢纽工程附属电站，及利用原有水利工程功能改变或挖潜建设的水电站；优先规划梯级龙头水电站，提高水资源利用效率及流域开发整体效益；优先规划具有旅游、生态功能的水电站，实现水电站更多的社会功能；优先建设利于促进水系联通、联控、联调的水电项目；优先建设具有扶贫功能的水电站；优先建设能承担防洪、灌溉、供水等功能的水电站；优先建设具有显著调蓄能力的水电站等。对长距离引水式电站、规模特别小的引水式电站必须尽量减少。

1.7.3 实行水电、旅游、扶贫一体化开发新模式

实行水电、旅游、扶贫一体化开发新模式，水电开发与旅游、扶贫同时规划、设计，优先实施小水电扶贫工程、水电矿产资源扶贫试点项目。旬河镇安段水电开发与旅游、扶贫同时规划、同时设计，通过绿道将7级水电站（总库容逾2亿 m^3）形成的水面连通，形成水面景观串联木王森林公园、塔云山、云盖寺古镇等景区的旅游大环线，带动流域贫困群众脱贫致富和经济发展。引导水电站扶危济困，反哺社会。水电站架桥修路、捐资助学，无偿灌溉、低价供水供电，显著改善农村基础设施条件。提供教学实践、科普教育等方面服务。

1.7.4 向绿色水电升级转型

要建设绿色水电，如果建设阶段没有考虑，运行阶段是不可能达到真正意义上的“绿色”的，比如没有考虑足额下泄最小流量、减脱水河段生态修复、将最小流量监测设施纳入水情测报系统统一建设运行，事后改造难度很大。因此，绿色水电必须从资源出让、规划、设计、审查、建设、验收层层把关。要从规划设计理念、工程措施、监管手段、惩戒处罚等方面处处体现绿色发展理念，生态流量下泄仅是绿色建设理念的一个方面。重视水电站景观设计，省水利厅在批复初步设计时都有要求，但落实的不多，山阳县猛柱山水电站做得比较好，厂区非常漂亮，显著提升了当地环境。150多座老旧电站进行了增效扩容改造，通过工程和生态措施解决河段减脱水问题，今后将逐步分阶段争取全部得到改造。

1.7.5 有超前的规划设计理念

宁强二郎坝水电站、汉中市石门水电站通过增效扩容改造建立了梯级集控中心，实现了真正意义上的无人值班；桂花能源集团公司投资1000多万元建立了云平台，这些都是水电

发展的方向，未来可能有流域、区域控制中心，对水电站实行托管运行。因此，要按照“互联网+技术服务”的要求，采用前沿的水电管理、信息等方面的技术，建设智慧小水电。

1.7.6 处理好存量与增量的关系

根据资源禀赋，地方意愿，新建改造并举，因地制宜，按需发展增量，但每一座新建电站都高标准、严要求，建成就是绿色水电站。管好存量，采取措施，千方百计下泄生态流量，逐步达到绿色水电标准。

1.7.7 建立服务监管新模式

按照国家“放管服”精神，适应新形势，建立建设监管新模式。

（1）做好规划，划定生态红线，确定生态文明绿色的发展高线，为水电开发提供基础条件。

（2）管理中突出生态、安全和第三方利益的保障，不过分关注企业投资效益，做好政府该做的事情。在资源出让、规划、设计、审查、建设、验收方面层层贯彻和落实绿色发展理念。

（3）通过建设生态流量监控系统、生态流量公示、取水许可、社会信用等方面使监管责任和压力传导形成闭合的环路，建立生态监管的新手段。

（4）争取提高电价，减少生态流量下泄阻力，引导建设有调节性能的绿色水电站，优化水资源配置，对实施生态改造和调整运行方式、落实生态流量的水电站，实行上网电价奖惩政策及生态补偿机制，推动水电生态转型升级。

（5）加快小水电建设管理立法，规范水能资源开发权出让，限定开发商在保证生态、灌溉、供水等方面应尽的义务。明确最小下泄流量的要求，使监督管理权限、执法主体、处罚依据、处罚措施、处罚标准等有据可依。

1.8 陕西省小水电发展大事件

陕西省小水电发展大事件见表1-4。

表1-4　陕西省小水电发展大事件

年份	主要内容
1946	由国民政府经济部资源委员会投资，利用汉中褒惠渠二支渠跌水修建的陕西省第一座小型水力发电站武家沟水电站，于1946年5月建成发电，主要供汉中市城镇照明及地方工业用电
1949	1949年12月，汉中武家沟水电站在国民党军队向四川溃退时被炸毁
1950	1950年8月16日，被炸毁的武家沟水电站安装了从上海运回的美制0.21MW水轮发电机一台，恢复发电
1953	1953年，武功水科所为了科学试验的需要，利用渭惠渠渠道跌水修建一座水工试验水电站，装机容量为0.04MW
1955	1955年冬，省水利局开工在渭惠渠修建装机0.16MW的绛帐水电站，翌年6月底正式发电

续表

年份	主要内容
1956	（1）1956年，在《全国农业发展纲要》的推动下，在西安市长安县王莽农业生产合作社修建一座双击式水轮机驱动的0.012MW水电站，建站资金采取民办公助的方式，国家只在技术、物资、设备上给予补助 （2）1956年，省水利局设农村水电处，负责指导全省小水电业务
1961	1961年5月，省水利局在全省专员、县长会议上传达了水电部甘肃水能利用现场会和河南群众办电会议精神，动员全省利用水能大办农村水电站
1965	1965年3月，始设陕西省水利局农电管理局和农业用电公司
1968	陕西省水利局农电管理局改称省革委会农电局，以关中机电灌溉为重点，积极建设农村用电网络
1969	陕西第一座水电站武家沟水电站报废。电站已连续运转20余年
1970	省农电局并入省电管局，排灌及小水电事业仍属省水电局机电处管理，重点地市水电局设科、组或专人管理
1980	陕西省水电局制定《改善小水电企业管理工作的十条措施》
1982	（1）1982年2月9日，陕西省水电局以（82）陕水机字第006号《关于下发〈陕西省小水电企业主要设备评级标准（试行）〉的通知》 （2）1982年3月20日，陕西省水电局以陕水机发（82）第018号下发《关于恢复水电站事故报告制度的通知》
1983	（1）1983年，省水电局机电处撤销 （2）1983年11月，省人民政府办公厅以陕政办发〔1983〕163号文转发西北电业管理局、省水利水保厅制订的《陕西省小水电站（网）与大电网并联运行中若干问题的规定》 （3）1983年，陕西镇安县被列入全国100个农村初级电气化县建设试点县
1984	（1）省财政厅、省水利水土保持厅下发了《关于我省国营小水电企业利润实行“以电养电”决定的通知》[陕财农发（84）第102号]。陕西省人民政府办公厅予以转发。从1985年起，国营小水电企业实现的利润一律作为水利部门用于以电养电发展小水电事业的专项资金 （2）1984年8月13日，陕西省人民政府办公厅以陕政办发〔1984〕114号《转发省水利水保厅关于加快发展我省户办小水电的意见的通知》，加快和推广了全省户办水电站 （3）1984年12月，省水利水土保持厅在石泉县召开全省户办水电站现场会
1986	1986年1月28日，省水利水土保持厅制订了以电养电资金管理办法，以陕水农电第001号《关于颁发“陕西省小水电以电养电资金管理使用办法”的通知》印发各地执行
1987	（1）1987年4月，省农电局筹备处正式成立。陕西省99个农电县由西北电管局管33个，省农电局管44个，省水利水土保持厅管22个，其中以小水电供电为主的县19个 （2）1987年5月，陕西省装机规模最大的户办电站党家湾水电站（2500kW）投产发电
1988	（1）1988年12月，省政府办公厅以陕政办发〔1988〕262号文件将西北电管局所属农电局和省水利厅所属农电局合并，成立陕西省农电管理局，为省政府直属单位 （2）1988年年底，省水利水土保持厅内设水电处，负责全省小水电规划、设计审查、电气化县的建设与管理
1989	（1）1989年11月27日，陕西省编制委员会以陕编发〔1989〕第169号文件批准成立陕西省水电开发管理中心，为县级事业单位，编制10人，同时撤销水电处 （2）1989年5月，省政府正式批复同意将永寿县作为陕西省参加全国第一批电气化试点县的递补县 （3）绛山水电站被水利部授予优秀电站称号

续表

年份	主 要 内 容
1990	1990年，枣渠水电站水机抗磨蚀试验获省政府重大科技进步二等奖。实验电站于1991年3月动工兴建，1993年6月投入运行，装机1台容量800kW
1991	（1）1991年12月，省人民政府以陕政函〔1991〕185号同意将吴旗、志丹等6个地方政府管理、水利部门行业管理的县电力局上划省农电局 （2）1991年，国家计委、水利部正式授予永寿县全国第一批初级农村电气化达标县称号 （3）1991年，陇县、宁陕、淳化、彬县等4县均被列入第二批全国200个农村水电初级电气化试点县 （4）1991年11月5日，陕西省物价局、财政厅、水利水土保持厅联系下发陕价重发〔1991〕170号，将1985年以前投产的小水电上网电价由0.065元/（kW·h）调整为0.12元/（kW·h），将1985年以后投产的小水电上网电价由0.065元/（kW·h）调整为0.15元/（kW·h），同时开始征收0.03元/（kW·h）的小水电发展基金
1992	省人民政府再次发文将宜川、清涧等4个地方政府管理，水利部门行业管理的县电力局上划省农电局
1994	（1）1994年10月，省政府批准省水利厅“三定”方案，设立了行政性质的水电处 （2）1994年8月，省水利厅在全省水电系统建立安全监察员制度，进行培训发证，要求持证挂牌上岗 （3）1994年11月，省水利水土保持厅颁发《陕西省水利系统安全监督管理暂行办法》 （4）1994年11月，商洛地区镇安县通过初级电气化县达标验收 （5）1994年11月，省水利厅颁发《陕西省地方水电企业全面质量管理验收细则（试行）》
1995	（1）宁陕、淳化、彬县分别通过第二批水电农村初级电气化试点县达标 （2）1995年4月，陕西省水利厅成立了陕西省水利系统地方电生产安全监察委员会 （3）1995年12月，下发《陕西省地方水电工程建设管理办法》
1996	1996年，陕西省有25个县被国务院批准列入全国第三批300个农村初级电气化建设县
1997	（1）陕西省人民政府下发了《关于加强第三批农村水电初级电气化县建设的通知》（陕政字〔1997〕44号） （2）省政府成立了以主管省长为组长，省计委、水利、财政、电力、银行等部门领导参加的电气化县建设领导小组
1998	（1）1998年5月8日，省政府在岚皋县召开电气化县建设现场会，推动社会力量办电 （2）1998年7月27日，省政府第十七次常务会议审议通过了省政府办公厅《关于将绥德等12个县属电力企业划归省农电局管理的通知》，全省原由地方政府管理的22个县全部划归省农电局管理，电网资产上划，县属水电站仍保留给地方 （3）1998年11月18日，省物价局以“陕价电发〔1998〕105号”取消每度电3分钱的小水电基金，上网电价从0.25元/（kW·h）调整为0.28元/（kW·h）
1999	（1）1999年11月，宁强二郎坝水电站工程投产发电 （2）1999年9月3日，陕西省物价局以陕价电发〔1999〕79号将小水电上网电价从0.28元/（kW·h）调整为0.30元/（kW·h）
2000	（1）省政府机构改革，省水利厅水电行政职能划归省经贸委，水电处同时撤销，同年成立内设水电处 （2）2000年10月，礼泉、宜君等水电农村初级电气化县通过达标验收，至此25个第二批水电农村初级电气化县全部达标
2001	水利部批准陕西省“十一五”建设13个水电农村电气化县
2002	（1）省水利厅编制完成了包含33个县的《陕西省“十五”及2010年小水电代燃料生态工程规划》 （2）省政府出台了《关于加强小水电管理工作有关问题的通知》（陕政发〔2002〕11号）

续表

年份	主　要　内　容
2003	（1）省水利厅完成了全省水力资源补充复查，确认全省农村水电可开发量为2800MW （2）省物价局统一农网、国网内农村水电上网电价。农网内上网电价长期偏低，有的仅为0.18元/kW·h左右，且一县一价。经过测算和争取，统一实行0.27元/kW·h的标准 （3）《陕西省“十一五”水电农村电气化规划》编制完成
2004	根据省政府投资体制改革精神，社会资本投资的小水电实行核准制，国家投资项目实行审批制。全省单站总装机5MW以上水电站由省发改委核准，其余由市级核准
2006	（1）2006年12月，省机构编制委员会下发了《关于农村水电建设管理职能分工的通知》（陕编办发〔2006〕131号），通知明确了农村水电建设的具体行政管理职能：由水利厅负责全省水能资源开发利用管理、规划并监督实施；拟定农村水电建设管理的有关政策、规定及技术标准并监督实施；负责农村水电建设项目的可研、立项前期的水资源论证、水土保持和移民方案等；负责审查水电设计单位的资质、设计方案；监督水电建设工程施工质量、工程竣工验收及农村水电建设工程的后续监督管理等工作 （2）我省户县东流水代燃项目被水利部、国家发改委列为2006—2008年全国小水电代燃料试点项目，为陕西省第一个代燃料项目 （3）水利部、国家发改委批准“十一五”期间我省15个水电农村电气化县的建设规模 （4）省水利厅、省发改委联合下发了《关于进一步加强小水电管理工作的意见》
2007	（1）与省发改委联合下发了《关于贯彻〈水利部加强农村水电建设管理意见〉的实施意见》（陕水发〔2007〕17号） （2）开展水电站清查整顿工作。下发了《关于开展全省农村水电站清查整顿工作的通知》《违规小水电项目清理整顿的实施方案》，进行拉网式彻底清查 （3）省水利厅下发《关于农村水电站最小下泄流量有关问题的通知》（陕水电发〔2007〕6号），首次明确生态基流下泄要求
2008	（1）2008年4月23日，省水利厅组织召开了全省农村水电站清查整顿工作会议，会议代表200余人，省发改委、省安监局、省物价局、西北电监局、陕西省电力公司、省农电局等参加 （2）陕西省民政厅批准陕西省小水电行业协会筹备成立 （3）陕西省水能资源调查评价工作完成，《中华人民共和国农村水能资源调查评价报告》（陕西卷）由中国水利水电出版社出版。核定陕西省农村小水电可开发量3110MW
2009	（1）2009年5月8日，陕西省小水电行业协会第一届会员大会召开。在省民政厅正式登记成立 （2）陕西省小水电行业协会在西安召开陕西省多泥沙河流水电站设计与运行技术交流会
2010	（1）省水利厅印发《陕西省农村水电站标准化管理指导意见》《陕西省农村水电站安全管理分类及年检办法》（试行） （2）陕西省小水电行业协会组织的全省农村水电站安全生产标准化现场交流会在汉中市召开 （3）省政府办公厅以陕政办发〔2010〕131号印发《陕西省小水电开发利用规划》 （4）省水利厅下发《关于加强水能资源开发管理维护生态环境安全有关问题的通知》（陕水电发〔2010〕10号） （5）与省工商行政管理局、省安全生产监督管理局、西北电监局联合下发了《关于贯彻落实水利部国家工商总局安监总局国家电监会加强小水电站安全监管工作有关问题的通知》 （6）全省农村水电站清查整顿工作完成，已完成整改水电站293座，总装机453.4MW。全省水电站清查整顿工作得到了水利部的肯定，李永杰副巡视员代表全省在全国水电清查整顿总结大会上做了典型发言 （7）《陕西省农村水电增效减排工程规划》《陕西省2011—2020水电新农村电气化规划》编制完成 （8）15个水电农村电气化县的全部达标

续表

年份	主 要 内 容
2011	(1) 年末全省小水电装机达到101万kW，突破百万大关 (2) 西北电监局、省物价局、省水利厅联合下发《关于做好小水电上网电量结算工作的通知》 (3) 西北电监局、省水利厅联合制定印发《小水电上网并网结算合同范本》 (4)《陕西省农村水电“十二五”发展规划》编制完成
2012	(1) 2012年4月，陕西省小水电行业协会在西安召开梯级水电站优化调度技术座谈会，会议形成了《湑水河流域水电运行调度协作宣言及框架》《湑水河流域水电站工程特性及运行管理协作通讯录》，探索推动流域梯级优化调度 (2) 省石门、二郎坝等35座电站列入全国农村水电增效扩容改造项目，并开始实施。中央每千瓦补助1300元，省财政配套1300元
2013	根据省政府印发的投资核准目录，单站总装机10MW以下的小水电站由市级核准，其余由省级核准
2014	(1) 陕西省水利厅印发《陕西省农村水电站安全生产标准化技术指南》 (2) 陕西省水利厅印发《陕西省绿色水电建设指导意见》 (3) 经西北能监局协调，2014年年底，省电力公司通知取消对小水电进行的无功考核，从1983年以来的考核宣告终结。此举对减少小水电丰水期弃水具有积极的作用 (4) 陕西省农村水电安全生产标准化培训班在西安举办，培训人员200余人 (5) 从2014年7月1日起，小水电增值税率从6%调整为3%，省小水电相当于每度电提高电价1分
2015	(1) 根据陕西省人民政府下发《关于发布政府核准的投资项目目录（2015年本）的通知》（陕政发〔2015〕16号），从2015年3月28日起，在非跨市（区）河流上建设的单站总装机容量2.5万kW及以下项目由市级政府投资主管部门核准；其余由省政府投资主管部门核准 (2) 陕西省首届农村水电职业技能大赛在杨凌及石头河坝后水电站举办。产生陕西省技术能手3名 (3)《陕西省农村水电“十三五”发展规划》编制完成 (4) 陕西省物价局下发了《关于调整陕西电网电力价格的通知》（陕价商发〔2015〕37号）。从4月20日起，总装机2.5万kW及以上的水电机组，在1991年5月1日前投产的，上网电价每千瓦时提高1分，在1991年5月1日至2006年9月1日前投产的，上网电价每千瓦时提高1.5分，在2006年9月1日以后投产的，上网电价每千瓦时提高2分；其他小水电上网电价每千瓦时提高1.5分
2016	(1) 经省政府同意，省水利厅以陕水发〔2016〕29号印发《陕西省小水电开发利用规划》（修编） (2)《小型水电站运行》由中国水利水电出版社正式出版发行，全书近80万字，对提高陕西省农村水电站运行管理人员专业技术及安全管理水平有很大帮助。与2015年出版的《小型水电站安全生产标准化管理模式》形成全省农村水电在设计、运行、管理方面完整的技术体系 (3) 我省被列为全国6个小水电扶贫工程试点省份，西乡县长滩二级、勉县马蹄沟、镇坪县沙湾、太白县鑫民四座水电站列入全国小水电扶贫工程试点项目，中央投资5670万元，年收益340万元用于扶贫

第2章 小型水电站设计技术总结

水电站设计应深入进行调查研究、勘测和试验工作，以获取水文、气象、地形、地质、建材、水库淹没、移民、环境和国民经济综合利用要求等基本资料和数据。严格执行国家现行的有关标准、规范和规定，并根据国家及陕西省现行的有关水利、水电、水土保持、环境保护等的要求统筹安排、因地制宜，合理利用水资源。

2.1 工程水文

陕西省的水文情势自1949年前后至20世纪80年代末，是一段较为丰沛的时期，年降雨量大、径流多、暴雨洪水频发。自20世纪90年代以来，水文情势偏枯，降雨径流减少，暴雨笼罩面积及强度减弱，暴雨洪水变弱。而水土流失变化突出，经过近期生态治理、封山育林以及水土保持工作的开展，陕北、关中水土流失大为改观。径流减少还有一个重要原因是经济快速发展，人为活动加剧加速，加大了水资源开发利用力度，供水、灌溉、发电及其配套的蓄、引、提等水利工程改变了天然来水格局。

陕西省在20世纪60—70年代建设了一大批水文测站，截至1978年，共有103处。其中，控制流域面积在100km^{2}以下的3处，100～500km^{2}以下的20处，500～1500km^{2}的54处。基于上述测站及资料，1980年出版《陕西省水文手册》，当时的洪水分析计算开展了大量的历史洪水调查并予以补充，而径流资料不足成为主要问题。该水文手册成为水文分析计算的重要依据，新的《陕西省水文手册》正在编制之中。

根据近年来的统计资料，陕西省全省农村水电站年平均利用小时为3000h左右，实际年利用小时普遍低于设计利用小时，有的仅为设计利用小时的一半。前述诸多问题是造成这种现象的重要原因。因此，对水文资料代表性、一致性的分析尤为重要，应对水文计算所依据的基本资料、采用的各种参数和分析计算成果进行分析检查，以论证其合理性。在小水电工程水文分析计算中，除严格按照规程规范要求进行外，还需结合我省实际，需要重视以下问题。

2.1.1 基本资料及参证站

小水电站水文分析计算时，除应收集本流域和邻近流域的水文气象及自然地理特征资料；本流域水利水电工程开发、水土保持等人类活动影响资料；区域历史洪水调查资料以及区域水文、气象综合分析研究等成果，还需重视以下几点。

（1）需重点收集坝址以上规划、在建及已建成的重点用水户的规划、设计、运行方面资料。

（2）坝址以上规模为Ⅵ等小（1）型以上水库的设计及运行资料。

（3）合理选择依据站，其实测资料系列在经过插补延长后不少于规范要求的年限长度。近年来，随着经济社会的发展，水文测站、水位站等发生撤并、迁建的情况较为常见，资料系列不连续等情况十分普遍。在设计中，要合理选择参证站、依据站，尽量采用最新的实测资料。镇坪南江河白土岭水电站厂址以上控制流域面积 962km^2，厂址以上流域面积 1080km^2。下游有汇湾（流域面积 1870km^2，资料年限 1986 年 1 月—2003 年 8 月）、鄂坪（流域面积 1695km^2，资料年限 2006 年 5 月至今）、新洲水文站（流域面积 4660km^2，资料年限 1959 年至今），水文计算时选用下游以面积相差较小、系列较长的汇湾站为依据性参证站，利用鄂坪、新洲插补延长后得到 1959—2011 年径流、洪水系列，作为计算依据。

（4）当需要本流域及相近流域的历史洪水调查资料时，应进行坝址洪水调查。

2.1.2 径流

水电站设计径流计算需要计算出：坝址年、月、旬径流系列和多年平均径流量；设计代表年的年、期径流量及其年内分配；日平均流量历时曲线等，为动能计算提供基础资料。

1. 还原扣水

设计径流断面以上流域，当人类活动影响径流时，应调查分析其影响程度并进行径流的还原计算，坝址以上用水超过坝址径流的 10%时，需要考虑径流的还原扣水计算。当还原水量资料短缺时，可通过分析直接统计受人类活动影响后的实测径流系列或按资料短缺的径流计算方法进行设计径流计算。

2. 径流系列代表性分析

《小型水力发电站设计规范》（GB 50071—2002）规定，系列长度应不少于 20 年。系列除长度满足规范要求外，更需重视丰、平、枯年和连续丰枯水段在系列中的组成，要基本相对平衡。所选择的系列应尽量包含多个丰、平、枯水时段，而且要基本对称分布，资料应具有较强的代表性，设计径流计算根据不同的资料条件采用相应的方法，当坝址有 20 年以上（含插补延长）的连续径流系列资料时，用频率计算方法直接计算设计年径流；当坝址径流资料少于 20 年，但上、下游或相邻流域有 20 年以上（含插补延长）的径流资料时，将参证站设计径流成果按集水面积和雨量修正后移用到设计坝址上，雨量修正应采用面雨量，不宜采用点雨量；当无前述两项资料条件时，可采用区域综合方法进行设计径流的计算。采用区域综合方法进行径流计算时，应利用省级以上主管部门审定的区域降雨径流及统计参数、等值线图或径流计算经验公式。

3. 径流分配

径流的年内分配采用实测资料，径流电站到日，季调节电站到旬，年调节电站到月。

4. 枯水径流分析

进行枯水径流分析计算，成果作为典型年选择的枯水段控制依据，也作为生态基流、生态流量分析的重要依据。

5. 使用等值线计算径流

当使用等值线计算径流时，应尽量使用近期成果，如《陕西省地表水资源》。对其成果经过论证，也可采用近期时段成果，并利用年降雨进行系列修正。

径流计算时段可根据设计要求选用年、期（非汛期、枯水期）等，频率曲线的线型可采用皮尔逊Ⅲ型（其统计参数可用矩法初步估算并用适线法调整确定）。C_v、C_s 等有关参数要参照邻近流域已成电站谨慎选择，取值要符合地区分布规律，具有相关性。全省陕南地区降水丰富，年径流 C_v 值小；关中、陕北地区降水量少且降水集中，年径流 C_v 值大。因此，全省年径流深是从南向北递减，而 C_v 值则从南向北增大。以地下水补给为主的河 C_v 值小，无定河上游以地下水补给为主，C_v 值甚至小于 0.2。流域面积小的河流 C_v 值大于流域面积大的河流，支流的 C_v 值大于干流。

设计代表年的月、日径流分配可选用年、期径流频率接近设计频率的实测年作为典型年，并用设计径流量进行修正确定（当实测资料短缺时，设计代表年的月、日径流分配可由已有的径流区域综合图表推算）。电站所在河流有特殊水文地质条件时，应分析研究其对径流设计值的影响。推求日平均流量历时曲线，可用丰、平、枯 3 个代表年的日平均流量或平水年的日平均流量排序统计，或将参证站的平均流量历时曲线按集水面积和雨量修正移用到设计站址。

选择典型年（丰、平、枯、偏丰、偏枯）时，各水文年起止时间应一致。一般可以取 $P=25\%$、50%、75%所对应的量值作为丰、平、枯水年的设计值，在已有的实测系列中选取与设计值相等或接近的年份作为相应的丰、平、枯代表年。如果有两个以上的年份实测值与设计值都比较接近，则按照“年内分配最不利”的原则进一步选择确定，对于枯水年份则选取年内连枯时段相对较长的年份。

2.1.3 生态流量的确定

目前国家对生态环境越来越重视，小水电站尤其是长距离引水式水电站必须保证一定的下泄流量，日调节电站应充分考虑集中蓄水时对下游群众生活、生产、生态造成的缺水影响，及高峰发电集中宣泄对河道冲刷等造成的影响。河流规划、电站的动能计算都必须在扣除下泄水量后进行；否则计算的装机、发电量都可能偏大。

下泄水量包括生态用水、生产及生活用水等。生态用水是考虑维持河道一定功能的包括生态基流、输沙需水量和水生生物需水量等各种因素，取各因素需水量最大值（外包线），得到维持河道一定功能的年需水量。对涉及重要水生物资源的河流，应根据维持保护对象所必需的生存条件，如一定的水深、流速或者浅滩等需要的水量为最小下泄流量。河道内生态流量一般有生物生境、水力学、水文学等计算方法，目前使用最多的还是传统的水文学计算法。水力学方法有“湿周法”“R2CROSS”“河道内流量增加法（IFIM法）”等，水文学计算法有 90%保证率最枯月平均流量、Tennant 法、$7Q_{10}$法、典型年最小月法等。根据 Tennant 法，平均流量的 10%是许多水生生物生存的下限，平均流量的 30%是水生生物生存的安全值，平均流量的 60%是水生生物生存的最佳生态需水量。将一年分为多水期和少水期两个计算时段，不同时期流量百分比不同，多水期通常选取多年平均流量的 30%～40%，少水期选取多年平均流量的 10%～20%。河道的最小稀释净化水量用 $7Q_{10}$ 法计算。美国将 90%保证率最枯 7d 的平均水量作为河流生态水量的极限设计水量。

对含沙量小、无特殊水生生物需水要求和河道内生产性用水要求的河流，一般河道内生态流量仅考虑河道基流。对河道基流一般采用3种方法计算：①根据《建设项目水资源论证导则》（SL/Z 322—2005），可取多年平均径流量的百分数（北方地区取10%～20%，南方地区取20%～30%）；②近10年最小月平均流量（或90%保证率最小月平均流量）；③典型年法（未断流又未出现较大环境问题的最枯月平均流量，年径流量最好与多年平均径流量接近）。

陕西省规定，水电站生态基流一般不应小于坝址控制断面多年平均流量的10%（陕水电发〔2007〕6号），但在工程实践中，一些设计单位直接按10%执行，从而使取值简单化，缺乏科学性。多年平均流量的10%仅是生态基流的概念，应根据地域差别、河流特性、生态功能及水生动植物保护要求，按照《建设项目水资源论证导则》及有关规程、规定，采用水文学法、水力学法、栖息地评价法等不同方法科学分析论证。要求无论按何种方法计算，生态基流应坚持取大不取小的原则，不能低于断面多年平均流量的10%，并随季节有所调整。既要满足最小生态需水量，也要满足敏感期最小生态需水量，不但满足水量的要求，也要满足自然水文过程的要求。

2.1.4　洪水

洪水计算的任务是提出坝（厂）址各设计频率的最大洪峰流量和时段洪量、各设计频率的分期最大洪峰流量、各设计频率的年和分期洪水过程线，为调洪演算、确定工程规模等提供依据。

1. 利用实测系列计算

当坝址上、下游附近水文站有20年以上的实测和插补洪水资料时，可采用频率分析计算方法直接推求设计洪水。

(1) 当上游水库库容较小时，如规模为Ⅴ等小（2）型以下的，可以不考虑其对下游洪水的影响。当电站上游有较大库容的调节水库时，如规模为Ⅵ等小（1）以上的水库，影响大的用地区组成法，将上游水库设计洪水经调节后的下泄洪水与区间设计洪水组合以推求受上游水库调蓄影响的坝址设计洪水。影响小者可简化为削峰流量法。

(2) 历史调查洪水。实测系列的频率计算，必须有可靠的历史调查洪水加入。设计洪水计算采用的历史洪水可直接引用省级水行政主管部门刊布的历史洪水调查成果，当电站所在河流无历史洪水资料时，应在坝（厂）址或其上、下游河段进行历史洪水调查。

2. 资料短缺时的计算

当坝址上、下游附近实测洪水资料短缺时，采用暴雨和产汇流区域综合法，由设计暴雨推求设计洪水。不同历时设计暴雨量可采用设计点暴雨量和点面关系推算，设计点暴雨量可从经审定的暴雨统计参数等值线图上查算，设计暴雨的时程分配可根据区域综合雨型或典型雨型并采用不同历时设计暴雨量同频率控制放大求得（设计暴雨历时根据流域面积及汇流历时等综合分析后确定）。

对于一些流域面积较小的河流，陕西省水文观测资料是短缺的，为了弥补1980年版《陕西省水文手册》中资料的不足，开展了大量的历史洪水调查，省水文局编制了《陕西省中小流域设计暴雨洪水图集》，结合各市水文手册，拟定了推理公式、单因子及多因子的经验公式，从多年使用情况看，对流域面积小于 300km^2 以下的河流，其成果是偏安全和可用的。

（1）成果参证。对暴雨洪水公式以及经验公式计算的洪水，较小流域最好有相近相似流域水文站频率计算成果作为参证，较大流域则必须用相近相似流域水文站频率计算成果作为主要的依据或参证。

（2）历史调查洪水可靠性分析参证。重视本流域及相近相似流域调查洪水成果的可靠性分析及参证工作，对洪峰可靠、重现期确切的调查成果，可利用参证站或地区统计参数，进而求得不同频率的洪峰流量，作为一种可选的方法成果。

3. 设计洪水过程线

小水电站一般水库规模较小，主要是洪峰流量控制着工程规模。因此当库容与洪量相比很小时，可以不考虑其调洪作用，不做调洪演算，梯级开发的不作溃坝计算。全省河流大部分为暴雨型洪水过程线，流域面积小、河槽汇流快、河网的调蓄能力低的山区河流，洪水多为陡涨陡落型。对大中河流，力求采用实测资料计算洪量并选定洪水过程线。设计中一般选择峰高量大、主峰偏后的最不利的洪水过程线进行同倍率放大后作为设计洪水过程线。对水文资料短缺的较小河流，可以采用推理公式法产流计算洪量，采用五点概化法求洪水过程线。

4. 设计洪水成果采用

对设计洪水成果的采用，应在本流域或相近相似流域收集经过审批的工程水文计算资料、批复的水文成果，综合分析比较，取值要基本协调。

计算分期设计洪水时，分期应根据工程设计要求确定，其起讫日期应符合洪水季节变化规律，分期一般不少于 1 个月，分期设计洪水可跨期使用。省内黄河流域 5—10 月为汛期，长江流域 4—10 月为汛期，分期要与汛期划分基本一致，但不同地区洪水特性不同，有可能存在汛期与单月洪水差别较大的情况，应结合实际情况分析采用。

2.1.5 泥沙、冰情

常规泥沙计算需要提出：多年平均悬移质年输沙量和丰沙、平沙、少沙年的悬移质输沙量及其年内分配；多年平均悬移质含沙量及实测最大含沙量；悬移质泥沙颗粒级配及中值粒径、最大粒径；悬移质泥沙矿物成分及硬度；河床质颗粒级配；推移质输沙量等。

1. 泥沙计算

对泥沙计算，要根据地域特点、河流径流泥沙特性及工程特点进行。泥沙直接影响工程方案，黄河流域水电站，一个汛期，甚至一场洪水即可将低坝坝前淤平，渭河鸡冠岩、泾河淳化荚坪、彬县程家川、洛河澄城县三眼桥等水电站均属此种类型。工程设计方案重点考虑保证进水口门前清，进水口、冲沙闸闸底高程最低高差应在 1.5m 以上，或采用闸坝方案，闸底与河床齐平。

在此情况下，重点考虑泥沙颗粒组成及岩性，研究冲沙、沉沙及过机泥沙含量。对估算水库淤积形态的水电站，收集泥沙颗粒级配资料。对水库电站，重点研究淤积高程、淤积形态、库尾翘尾等情况，为死水位确定及稳定计算提供依据。在计算水库电站淤积库容时，不能过分计算水土保持对降低水土流失的作用。可用近期水文站实测泥沙资料代表段计算多年平均输沙量，但代表段在选取时，注意丰、平、枯年的基本平衡。

2. 推移质输沙量计算

当坝址上、下游或流域内有泥沙测验资料时，可经面积修正后移用参证站的泥沙特征值；当电站所在流域泥沙测验资料短缺或无泥沙测验资料时，可根据邻近流域泥沙测验资料或侵蚀模数区域综合图表估算泥沙特征值。电站推移质泥沙计算，当实测资料短缺时，一般采用推悬比系数估算。对于中小河流，可视河床质组成情况选用。在土石山区，河床由沙砾石变为漂卵石，系数可由0.10增至0.25；在黄土丘陵及沟壑区，河床由沙土质变至夹土砾卵石，系数可在0.03～0.10之间选取。

3. 冰情

陕西省关中北部及陕北地区，要收集冻土、冰情资料。对榆林、延安等有冰情的设计河段应提供河段的封冻和解冻时的河流形势（比如：岸冰出现、流凌出现、全河封冻及融冰等最早、最迟日期；封冻冰厚、流冰大小；冰塞和冰坝发生时间、地点及规模等）。无定河东风水电站曾发生流凌堵塞前池造成水淹厂房的严重事故，陕北地区工程布置必须考虑进水口防冻及防冰排凌、排漂。

2.1.6 水位流量关系曲线

1. 推求方法

当坝（厂）址上、下游附近有水文站时，应在坝（厂）址进行水位观测和洪、枯水位调查以分析河段水面比降，经水位修正后将水文站水位流量关系移用到设计断面。坝（厂）址河段无水文站时，应根据河段纵断面图和横断面图以及调查估算的洪水、枯水水面比降，采用水力学公式推算设计断面水位流量关系曲线。

2. 参数论证

水位流量关系曲线计算，要对有关参数进行论证，尤其是糙率的选择，应根据高水、低水情况取不同参数。糙率选择时，除注意河道平面形态及岸坡情况外，应重视河床组成对糙率的影响。以泥沙、沙砾石、卵砾石、卵漂石及漂石为主的河床，糙率一般自0.030增大至0.050左右。在难以取得洪水水面比降的情况下，可采用计算断面上下的水面平均比降的方法。

3. 曲线的外延

水位流量关系曲线外延时，高水外延利用实测大断面、洪水调查等资料，根据断面形态、河道水力特征，采用多种方法综合分析拟定。低水外延以断流水位来控制。

4. 验证

对拟定的水位流量关系曲线应用实测和调查的水位、流量资料等方法对其进行验证。在进行水位流量关系曲线计算时，要注意工程设计的消能设施或厂区防洪设施对天然断面变化的影响。

2.1.7 水文自动测报系统

小水电设计中往往不重视此部分内容。按规程要求，说明设计流域水文、气象现状站网和站点情况，资料观测年限，已建、拟建的水文自动测报系统情况与通信方式。可根据水文、防汛等部门已布设的观测设施及上游水工程现状，提出利用方案即可。

2.2 工程地质

一些小水电工程业主不重视工程地质工作，前期投入较少，地质工作达不到规定深度。在设计中存在工程地质与设计脱节的现象，地质勘察对设计意图及工程特点深入分析不够，地质勘察重点不突出，不能很好地服务于工程设计。有的委托外行业单位进行地质勘察，成果不符合水利水电行业标准要求。有些没有专项地质报告，缺少水库区工程地质图、主要建筑物工程地质纵横剖面图、地层柱状图等必要的图纸。一些设计单位在设计中对工程地质没有引起足够重视，设计与地质出现两张皮现象。一些业主在工程地质未查明情况下贸然开工建设，造成无法挽回的损失。紫阳县深阳水电站原设计为拱坝，在坝肩、坝基开挖后发现地质条件不能满足拱坝要求，最终坝轴线上移并将坝型改为重力坝。左溪水电站未查明拱坝坝肩岩石类别，也未查明坝基顺河断层，并且设计时未引起足够重视，导致工程长时间停工。观音峡水电站未对隧洞地质问题进行深入研究和预判，施工中未提前采取相应预防措施，发生严重塌方，导致工程推迟发电一年，投资大幅增加。

2.2.1 区域地质

在区域地质方面，根据工程区已有的区域地质资料，确定工程区所属的大地构造部位和区域稳定性。分析区域活断层等主要构造对工程的影响，确定工程设防烈度。地震基本烈度按《中国地震参数区划图》确定。2008 年汶川地震后发布第 1 号修改单，2016 年 6 月 1 日起正式实施的强制性国家标准《中国地震动参数区划图》（GB 18306—2015）代替 GB 18306—2001。陕西省陕南地区勉县、略阳、宁强三县及关中地区陈仓区、陇县、蓝田县、华阴市设防烈度相对较高。

2.2.2 库区地质

其主要任务是完成水库渗漏问题勘察、库岸稳定勘察、浸没勘察等内容。水库渗漏问题要勘察了解水库周边有无单薄分水岭、低邻谷和通向库外的透水层、断层破碎带，并对渗漏的可能性和严重程度作出评价；勘察了解可溶岩分布库段的岩溶发育规律、泉水及地下水分水岭的分布高程、相对隔水层的分布及封闭条件、地下水与河水的补给与排泄关系等，评价渗漏的可能性、渗漏途径、渗漏性质（管道、溶隙）及其对建库的影响。库岸稳定勘察主要勘察了解岸坡岩（土）体性质、结构组成、软弱土层的分布、断裂构造切割情况及各种对岸坡稳定不利的控制结构面的产状、延伸及相互组合关系；勘察了解岩质库岸风化卸荷状态及变形特征并鉴别变形类型、性质、范围及其形成条件；勘察了解近坝库岸滑坡、坍滑体、泥石流的分布及其稳定性；勘察了解坍岸地段各类土层的分布高程、稳定坡角，并预测坍岸的范围。浸没勘察主要了解浸没地段上层结构、厚度、组成及下伏基岩或相对隔水层埋深，勘察了解土层渗透性、地下水位埋深、地下水补给与排泄条件、土层毛细水上升高度、产生浸没的地下水临界深度，预测产生浸没的范围，对建库条件、蓄水后可能产生的环境地质问题进行评价，对不良地质问题提出处理措施及建议。

2.2.3　工程地质

(1) 坝址地质。混凝土坝和浆砌石坝坝址勘察，应了解坝址地形地貌，查明覆盖层厚度及其渗透特性，河床深槽范围和深度；坝基（肩）岩性特性及其物理力学性质，软弱夹层、泥化夹层的分布和性状；坝基（肩）岩体的风化、卸荷特征、断层破碎带、裂隙密集带、顺河断层和缓倾角结构面的位置、充填物性状和延伸情况，进行坝基岩体质量分类，确定可利用岩面位置，提出岩（土）体物理力学参数；对坝基（肩）岩体透水性分带、相对隔水层埋深，提出坝基（肩）防渗范围及深度；评价坝基（肩）抗滑稳定、变形及渗透稳定性，提出不良工程地质问题处理措施及建议。

不同的坝型，工程地质侧重点有所不同。低坝引水式水电站坝高较低，岩基、软基一般都可满足工程需要。大坝置于软基上时，需重点查明持力层特性，落实防渗及防渗透破坏的工程措施。岩基上重点查明坝基软弱夹层、缓倾角软弱结构面及坝基工程地质分类，确定处理措施。拱坝除坝基外，还需查明影响坝肩稳定的最不利结构面组合、裂隙密集带等。

(2) 泄水建筑物地质。了解地形地貌，查明地层岩性、地质构造、裂隙组次及产状、岩体风化卸荷特征、地下水位、岩（土）体的物理力学性质；了解两岸边坡稳定条件及冲刷区岩体抗冲特征，岩质抗冲刷流速为20m/s左右，软基在5m/s以下；了解挑流雾化区影响范围；提出岩（土）体物理力学参数和处理措施的建议。

(3) 引水建筑物。了解隧洞地形地貌，查明地层岩性、地质构造、裂隙组合及产状、地下水位、上覆岩体厚度、进出口地段岩体风化卸荷带厚度、主要断层及软弱层结构面的性状、延伸长度，对隧洞成洞条件和进出口边坡稳定条件进行评价，提出隧洞衬砌方案的建议；调查隧洞穿越煤系地层的洞段有毒易爆气体的危害程度。某水电站隧道全长1400m，2009年2月16日在距离隧道洞口约900m处发生瓦斯爆炸，致3人死亡4人受伤。对可溶岩地区的岩溶洞穴、暗河水系对成洞条件的影响作出评价，了解渠道地形地貌、地层岩性、滑坡、泥石流的分布；按坡高、岩（土）体性质、岩层产状等因素进行工程地质分段，评价渠道的渗漏、渠基和边坡的稳定性。

(4) 压力管道。了解地形地貌，查明覆盖层厚度、基岩面坡度、山体稳定条件、镇墩地基岩（土）体物理力学性质，对压力管道沿线边坡稳定、地基承载能力作出评价，提出相应的岩（土）体物理力学参数、稳定边坡建议值及处理措施的建议。在层状地层内布置埋管时，还应查明岩层倾角、倾向与埋管倾斜角的关系。镇墩应置于微风化岩体上，支墩置于弱风化岩体上。

（5）主、副厂房。了解地形地貌，查明岩（土）体性质、承载能力、变形特征、透水性及边坡稳定等情况。对岩基上的厂房，应查明岩体风化带、卸荷带、软弱夹层分布及其性状，并提出持力层的物理力学参数。对软基上的厂房应查明覆盖层厚度、性质、分层特征、渗透性、地下水位埋深、淤泥及粉细砂层的分布、性状及地震液化条件，对变形和渗透稳定作出评价，并提出各项物理力学参数和处理措施的建议。对地下厂房和调压室应结合地应力，分别评价洞顶、高边墙及交叉段岩体稳定性，提出处理措施和建议。

2.2.4 建筑材料

对天然建筑物材料进行相应的勘察工作，对天然建筑材料应按不同设计阶段要求的精度进行初查或详查，在天然骨料缺乏或开采不经济时应进行人工骨料料源调查，并对其储量、质量和开采条件作出评价。

2.3 工程任务与规模

2.3.1 梯级开发、工程任务及开发方式

1. 梯级开发规划

（1）在全省的河流水能资源开发规划中坚持了以下原则。

1）优先规划建设综合利用水利枢纽工程附属电站及利用原有水利工程功能改变或挖潜建设的水电站。

2）优先规划梯级龙头水电站，提高水资源利用效率及流域开发整体效益。

3）优先规划具有旅游、生态功能的水电站，实现水电站更多的社会功能。

4）优先规划利于促进水系联通、联控、联调的水电项目，尽量减少缺水地区跨流域、多水源（引水枢纽）的水电站建设。

5）优先规划具有显著调蓄能力的水电站。

6）优先规划坝式水电站，尽量减少容量较小的长距离引水式水电站建设。留足生态流量后开发价值不大的水电站不再建设。

7）优先规划能与风、光发电互补的水电站，优先建设分布式发电的水电站。

8）对所有在依法划定的自然保护区、风景名胜区及确定的禁止开发区域以及濒危、珍稀、特有保护动植物的重要生态环境敏感区的河流，不再规划建设电站。

9）梯级之间合理进行水位衔接，减少水事纠纷，严禁下一级进水口紧接上一级尾水的开发方式，保留充足和必要的天然河段，防止“吃干用尽”式的开发。

（2）规划的调整与优化。

1）增加引水距离，两级合并为一级。2010年以前，一些河流在进行水能开发时，为了减少投资，将两级合并为一级开发，有的电站合并后引水系统最长达到10km。优点是减少一个引水枢纽、一座厂区建筑物及压力管道系统，在经济上比较合理，同时减少征地、地表扰动及植被破坏等；缺点是引水距离过长，河道减水段增加，目前原则上已不允许两级合并为一级开发。

2）对移民、淹没处理难度大的电站，调整开发方式，减少移民及淹没。旬河镇安段原规划四级开发，其中柴坪水电站总库容 8.5 亿 m^3，装机容量 96MW，坝高 152m，回水长度 52km，但由于淹没柴坪镇，需要移民 5000 余人，导致工程一直无法建设。因此对旬河镇安段规划进行了调整，结合旅游，将原四级开发变为七级开发，淹没区避开柴坪镇，大幅减少移民人数及淹没范围。旬河旬阳段原规划有沙沟口水电站，为坝后式，总装机容量 25MW，因淹没乡级道路逾 20km，后调整为麻石河、白石河、沙沟口三级开发，减少了淹没。丹江莲花台水电站总库容 9500 万 m^3，装机容量 40MW，采用一级开发，淹没较大，移民较多，如果两级开发，可以避开集中淹没的村镇，显著降低淹没影响。

3）积极规划梯级龙头水电站，提高资源利用效率及流域开发整体效益。旬河镇安段第一级规划黄家湾水电站，总库容 0.74 亿 m^3，调节库容 0.4 亿 m^3，装机容量 37MW，具有年调节能力，显著提高下游镇安及旬阳段 17 个梯级发电量，同时具有旅游、生态等功能。湑水河规划马家沟水电站、狮坝等水库电站，运行中发挥调节与反调节作用，提高下游灌溉用水保证率。

4）多枢纽引水及引支入干、引干入支。岚皋县金淌水电站、岚皋县泥坪水电站、岚皋县龙板营等水电站均采用了多枢纽引水，龙板营水电站有 3 个引水枢纽，其中一个利用厂坝区间流量建设了装机容量 2.4MW 的低水头电站。早期建设的一些电站，实施了引支入干以增加发电水量，如太白县观音峡水电站位于湑水河干流，支流大箭沟汇流口位于大坝以下，为了增加发电量，通过隧洞将大箭沟的水引入库区。佛坪县西花水电站建设于金水河支流西河，通过隧洞将干流引入西花库区，提高了发电量。鹿子坪水电站将隧洞沿线大雪域沟、木耳沟等支流引入。这些方式增加了发电量，但由于引水的支流流域面积较小，易引起环境问题，新建项目一律不再允许引入。

2. 开发方式

开发方式主要根据河道水文情势、地形地貌、工程地质及淹没等因素综合确定，河道比降较缓，流量较大，并有筑坝建库条件的较大河流上一般采用坝式，坝式水电站淹没、移民相对较多，优点是布置紧凑，集中运行管理方便，一般还具有一定的调蓄能力，基本不存在减水河段。当坝址上游流量较小、水位变化幅度不大时常采用无压引水。在高山峡谷区，当上、下游水位变化较大时一般采用有压引水。开发河段一定时，采用何种开发方式需经过技术经济比较后选定。

全省已建成的小水电站中引水式占 92%，引水式水电站发电时必然要造成坝址、厂址区间河道减水，如果不按规定下泄生态流量则可能造成脱流，因此必须按规定下泄生态流量。高坝混合式水电站可设计坝后生态流量小电站，南江河镇坪县白土岭水电站隧洞长度 5km，厂坝区间减水河段 10km，最大坝高 70m，在坝后设计了装机容量为 1MW 的小电站，旬河镇安县黄家湾水电站也采用这种开发方式，解决了生态流量下泄问题，增加了发电收益。

2.3.2 特征水位

1. 正常蓄水位

正常蓄水位决定水库的规模、效益和调节方式，也在很大程度上决定水工建筑物的尺寸、型式和水库的淹没损失，也是挡水建筑物稳定和应力计算的主要依据。当采用无闸门控制的泄洪建筑物时，它与溢流堰顶高程相同；当采用有闸门控制的泄洪建筑物时，它是闸门关闭时允许长期维持的最高蓄水位。正常蓄水位选择时，根据河流梯级开发方案、综合利用要求、工程建设条件、泥沙淤积、水库淹没、生态环境等控制条件，拟定若干方案进行动态经济指标计算并经综合分析后确定。

（1）淹没控制条件。充分考虑淹没区域内人员、财产安全，淹没区域涉及邻县、邻省的，最好以正常发电回水不超过行政区域边界为控制条件，防止产生损失和纠纷。旬河旬阳仁河口水电站淹没涉及上游镇安县，经两县友好协商，最终确定正常蓄水位，实现水能资源有效利用。渚河紫阳县、镇巴县共有河段有 2m 水头。按照一县一半的原则确定了紫阳县尚坝水电站正常蓄水位和镇巴县白龙洞水电站尾水位。

（2）梯级开发电站之间的水位衔接。低水头、大流量水电站，即使 1m 的水头有时也对装机规模、发电效益影响十分显著，曾发生两县为争夺水头而诉至法院的事情。上下两个梯级属不同业主时，尤其是跨县、跨市、跨省河流上的水电站应充分做好协调工作，上一级水电站的尾水位与下一级水电站的正常蓄水位相衔接，并留有一定余地。

（3）充分考虑水库泥沙翘尾淤积影响，尤其是陕西省位于黄河流域的水电站。水库泥沙翘尾淤积将抬高上一级电站尾水位，降低发电有效水头，冲击式机组将造成叶轮淹没，无法运行。要充分考虑下一级水电站库尾翘尾淤积对上一级尾水的影响，陕西省在工程实践中，淤积长度一般按正常蓄水位回水长度的 1.3 倍考虑，要留有一定余地。

（4）缩小正常蓄水位与洪水位差距。查明上游是洪水位控制还是正常蓄水位控制，尽量缩小正常蓄水位与洪水位差距，抬高正常蓄水位，提高发电水头。紫阳县尚坝水电站原设计为自由溢流坝，原设计正常蓄水位 424m，设计水头 23m。后降低溢流堰顶高程，在坝顶增设泄洪闸，降低洪水位，正常蓄水位提高至 426m，提高了 2m，增加 2m 水头，发电效益显著提高。

2. 死水位

死水位是正常运用情况下，允许消落到的最低水位。日调节水库每 24h 将有一次消落到死水位，年调节水库在供水期末段消落到死水位，多年调节水库在供水期末段消落到死水位。死水位的确定应保证进水口淹没深度，避免产生贯通性漩涡，防止吸入空气和漂浮物而引起机组振动，导致出力下降。低水头、大流量电站水头对装机大小、发电量影响十分显著，而对高水头电站而言，少量水头变动对装机容量及发电量影响不显著，而调节能力对发电效益影响更大一些。因此要分析有关部门对水位的要求、水库泥沙淤积、水轮机运行工况等因素，综合分析，进行技术经济比较后确定死水位。

3. 汛期排沙水位

多沙河流上的水库为保持一定调节库容，减少淤积及库尾淹没损失，降低对上游梯级电站尾水水位影响，设置汛期排沙运行水位。当来水达到一定流量（一般为造床流量，为 2～3 年一遇洪水时）时，降低到排沙水位运行。旬河赵湾、大岭等水电站均设置了汛期排沙水位，但在实际运行中，由于排沙运行时要降低水位，将影响发电效益。一些电站并未严格按此水位运行。

多泥沙河流上的径流式水电站，应考虑汛期因含沙量高而停机对保证率、发电量的影响，收集典型年或代表段的日平均含沙量，当含沙量大于某一数值（电站根据运行经验界定）时可能要停机。

2.3.3 工程规模

1. 设计保证率

小水电规划设计中选用的设计保证率（在多年期间，正常发电得到保证的程度与计算总历时的百分数）一般在80%～90%间选取。由于小水电发电量小，对电网影响不大，因此可以适当降低设计保证率，扩大装机规模，充分利用丰水期电能，降低枯水期发电所占比例。

2. 水头

加权平均水头针对较长运行时期内以发电量为权重计算的平均水头，水轮机额定水头指水轮机在额定转速下发出额定输出功率时的最低水头。额定水头取最大水头的90%左右，减少发电出力受阻。水电站水轮机额定水头应根据电站开发方式确定（高水头引水式电站的额定水头可取最小水头），其他形式电站的额定水头应按额水头与加权平均水头的比值在0.85～0.95之间选择且额定水头不宜高于汛期加权平均水头。

3. 尾水位

水电站所有机组满载发电时的尾水位为正常尾水位，对与下游梯级水位衔接有重要作用。最低尾水位的确定对确定机组安装高程十分重要，当装机多于两台时，应满足一台机组在各种水头下最大出力运行时的吸出高度和相应尾水位的要求；装机1～2台时，应满足一台机组在各种水头下50%最大出力运行时的吸出高度和相应尾水位的要求；灯泡贯流式机组根据电站水头、流量、出力和转轮空蚀系数的实际组合工况进行计算确定，并满足尾水管出口顶部淹没0.5m以上的要求；冲击式水轮机的安装高程应满足排水室0.2～0.3m的通气高度要求；立轴式水轮机尾水管出口顶缘应低于最低尾水位0.5m；卧轴式水轮机尾水管出口的淹没水深应大于0.3m。

4. 引用流量

动能计算、确定装机规模及电能指标计算时，必须扣除最小下泄流量，经济评价按扣除后的电量进行。早期建设的水电站往往承担着就近供电任务，设计保证率高，年利用小时达到5000h左右，引用流量一般接近多年平均流量。近年来，全省水电站设计中，引用流量一般取多年平均流量的1.5～2倍，有的甚至达到2.5倍，引用流量选择大，可以充分利用季节性电能。

对小型水电站，隧洞等输水建筑物断面一般由施工断面决定，适当增加引水量并不增加额外投资。对以灌溉和供水为主的水库电站，其装机容量的选择以灌溉和供水流量过程为依据。

2.3.4 装机容量及装机方案

全省小水电多年平均实际年利用小时为3000h左右，个别电站年利用小时为2200h左右。装机容量在保证出力 5～7 倍范围内选取。水电站出力系数（A 值），对装机容量较小的机组，混流式机组一般为 8.5 左右，冲击式一般为 8.2 左右，贯流式一般为 8.8 左右；机组越小 A 值越小。

水轮机机组机型及机组容量应根据电站的出力、水头变化特性、枢组布置及电力系统的运行要求等因素计算不同方案的效益与费用，并通过综合分析比较选择（机组台数不宜少于两台），装机方案及机组选型时应充分考虑枯水期扣除生态流量后的运行问题，实际运行中，混流式机组一般在额定流量的 50%时可以运行，轴流式机组一般在额定流量的 20%左右时可以运行，贯流式机组一般在额定流量的 10%时可以运行，冲击式机组一般在额定流量的 20%时可以运行。

引水式、混合式水电站采用两大一小的机组装机方案，在枯水期扣除生态流量后，可以使小机组在高效区运行。坝式水电站虽然没有脱流段，但当其进行调蓄或调峰运行时，蓄而不发也会造成下游部分时段减水、脱水，突然未经预警发电放水，易威胁下游河道中人员，因此坝式水电站最好有一台小机组能常年运行，既能保证生态流量下泄，也不会影响经济效益。调节能力较小的新建坝后（河床式）电站一般大小机结合，采用两大一小的装机方案，保证一台机组能常年运行，可以使小机组在高效区运行，并保障生态流量下泄。旬河旬阳县赵湾水电站装机方案为（2×10+1×7）MW，7MW 机组常年运行，保证生态水持续下泄。

选择水电站装机容量时，其引用流量应与上、下游梯级电站相协调匹配。池河流域在上游建设了具有调蓄能力的太山水电站，下游筷子铺等老电站存在上游蓄水下游停发，上游发电下游弃水现象。岚河蔺河口水电站承担调峰任务，下游花坝同样存在上游蓄水下游停发，上游发电下游弃水现象。筷子铺、花坝水电站最终根据上游电站发电流量进行了机组改造。

2.3.5 水库运行方式

库容较大的水库电站初期蓄水应选择合理的时机，不能影响下游生态、生产、生活用水。运行期应实行生态调度模式。针对陕西省多泥沙河流的实际，根据分界流量、造床流量确定运行方式，控制泥沙淤积，尽量减少水库末端淤积上延及对河势的改变。当来流量小于最小下泄流量时，全部下泄不发电。对引支入干或引干入支多枢纽引水的水电站，在枯水期（11 月至次年 3 月）此引水枢纽不引水或少引水。

2.3.6 泥沙淤积及回水计算

水库当库沙比（库容和年输沙量之比）大于 30 时，在拟定水库运行方式时可不计入库泥沙淤积的影响。小于 30 时，应根据水库形态、河流输沙特征、泄流规模以及泥沙淤积对环境的影响等因素拟定排沙减淤的水库运行方式。水库泥沙淤积预测年限为工程投入运行后的 10～20 年，当水库冲淤相对平衡年限小于 10 年时，水库泥沙淤积预测年限为水库冲淤平衡年限。淤积平衡比降、造床流量等的选择对水库淤积计算至关重要，要进行调查并参照邻近河流进行论证后谨慎选择。自由溢流坝淤积基准面从坝顶算起。

水库回水计算应根据河道条件、水库特性、水库运用方式等，按满足设计要求的流量推求建库前天然水面线及建库后泥沙淤积预测年限的库区回水水面线，回水计算时应采用洪水水面线推求各河段综合糙率，并分析水库泥沙冲淤后河段糙率的变化（其计算断面应能反映河道基本特性及淤积后河床特性），糙率可分别按淤积面、原河床、岸坡分别取值。回水计算根据上游防护对象、上游电站防洪标准，分不同频率进行，分析回水对上游电站防洪安全的影响。水库回水末端设计终点位置，在回水曲线不高于同频率天然洪水水面线0.3m范围内，可采用与同频率天然水面线水平封闭或垂直封闭。有库尾翘尾淤积的，翘尾淤积至少按回水末端的1.3倍考虑，留足余地。

水库回水淹没范围的确定，应以坝址以上天然洪水与建库后汛期和非汛期同一频率的洪水回水位所组成的外包线为依据。居民迁移和土地征用界线应综合分析水库淹没、浸没、风浪、冰塞壅水、滑坡和坍岸等影响确定，在回水影响小的库段，居民迁移线应高于正常蓄水位1m（土地征用线应高于正常蓄水位0.5m）。

2.3.7 梯级电站统筹考虑

随着梯级水电站开发程度的提高，流域梯级水电站的规划、设计、运行统筹考虑的重要性日益突出。梯级水电站涉及多个行政区及不同的业主，由不同的部门审批，并入不同的电网，建于不同年代，上下游、左右岸、干支流之间的开发利用相互影响，防洪、灌溉、发电、生态等功能之间相互联系，过去那种单纯按照一个行政区域、一项工程各自审批、运行管理的弊端日益突出。

梯级电站在规划、设计、施工上统一规划，综合利用。上下游电站水能计算统一考虑，机组台数、流量匹配；送出工程统一建设，建设梯级输电廊道；梯级开发水电站无论是否属于同一业主，都应该考虑集中监控方案的可行性，有利于统一和优化调度，促进资源充分利用。设计中应预留通信等相关接口，为最终实现流域小水电站群整体优化调度创造条件；施工导流、临时工程、料场、施工道路、施工设备、管理设施统一考虑，实现节约投资，减少环境影响。

运行中要考虑梯级优化调度，协调解决发电和供水、生态、灌溉等水资源综合利用之间的矛盾，龙头水库通过调节径流可以提高下游梯级电站的保证出力和年发电量，上、下游水库联合调度可以削减洪峰，提高下游各级水电站防洪标准，提高整个流域水电站整体效益。陕西省小水电行业协会在2012年组织湑水河流域水电站形成《湑水河流域水电运行调度协作宣言及框架》《湑水河流域水电站工程特性及运行管理协作通讯录》，推动湑水河流域观音峡、狮坝、马家沟等10座水电站（总库容5000多万m^3）尝试梯级优化运行，上游水库进行调节，下游进行反调节，通过调节运行，下游20万亩的水稻灌区不再缺水。

2.4 水电站水工建筑物

全省典型水电站水工建筑物型式见表2-1。

表 2-1　　陕西省典型水电站水工建筑物基本情况表

序号	水电站名称	河流名称	装机容量/MW	总库容/万 m³	死库容/万 m³	调节库容/万 m³	枢纽工程等别	枢纽型式	最大坝高/m	洪水标准		泄洪消能方式	开发方式/厂房型式
										P=%设计/(m³/s)	P=%校核/(m³/s)		
1	旬阳县赵湾水电站	旬河	27	2320	1973	193	Ⅲ 等中型	混凝土重力坝	41	2%/5150	0.2%/7450	表孔底流	坝后式
2	旬阳县大岭水电站	旬河	18.9	1278	1121	80	Ⅲ 等中型	混凝土重力坝	37.9	2%/5230	0.2%/7610	表孔底流	坝后式
3	太白县观音峡水电站	湑水河	26	703	186	439	Ⅵ 等小（1）型	混凝土拱坝	50	3.3%/1300	0.5%/2050	表孔挑流	混合式/岸边式
4	洋县八仙园一级水电站	湑水河	15	210	67	34	Ⅵ 等小（1）型	混凝土重力拱坝	29	3.3%/2340	0.5%/3670	自由溢流底流	混合式/岸边式
5	洋县八仙园二级水电站	湑水河	12	502.6	229	65	Ⅵ 等小（1）型	混凝土重力坝	31	3.3%/2610	0.5%/4100	自由溢流底流	混合式/岸边式
6	城固县马家沟水电站	湑水河	25	2970	577	1828	Ⅲ 等中型	混凝土重力坝	71	2%/3150	0.2%/5070	表孔挑流	混合式/岸边式
7	城固县白果树水电站	湑水河	13	360	110	17	Ⅲ 等中型	混凝土重力坝	27.8	3.3%/2640	0.5%/4180	自由溢流底流	混合式/岸边式
8	城固县狮头水电站	湑水河	12	978	558	130	Ⅲ 等中型	混凝土重力坝	40.7	3.3%/2890	0.5%/4580	表孔挑流	混合式/岸边式
9	西乡县乔山水电站	牧马河	12	1664	607	290	Ⅲ 等中型	混凝土重力坝	22	2%/4564	0.2%/6448	底流	河床式
10	西乡县左溪水电站	峡河	4.8	538	74	319	Ⅵ 等小（1）型	混凝土双曲拱坝	71	3.3%/898	0.5%/1372	自由溢流挑流	混合式/岸边式
11	汉中市石门水电站	褒河	44.7	10980	4430	6070	Ⅱ 等大（2）型	混凝土拱坝	88	3700	5200	表孔挑流	坝式/岸边式
12	宁强县巨亭水电站	嘉陵江	40	3265	2350	500	Ⅲ 等中型	闸坝	40	2%/8750	0.2%/13600	表孔底流	河床式
13	略阳县葫芦头水电站	西汉水	9.6	1874	425	1269	Ⅲ 等中型	混凝土重力坝	39	4800	6000	表孔挑流	混合式/岸边式
14	西乡县曲江洞水电站	巴水河	10	28.9	—	—	Ⅵ 等小（1）型	暗河拱堵头（单曲）	19.2	3.3%/330	0.5%/620	溢洪道挑流	引水式/岸边式
15	宁强县二郎坝梯级水电站	西流河	50	7760	1300	5030	Ⅲ 等中型	暗河拱堵头（定圆心、定半径、变中心角、等厚度双曲球壳）	最大水平拱跨56.2m，最大竖直拱跨44.6m	2%/1900	0.2%/2760	泄洪洞挑流	坝后式/岸边式

续表

序号	水电站名称	河流名称	装机容量/MW	总库容/万 m³	死库容/万 m³	调节库容/万 m³	枢纽工程等别	枢纽型式	最大坝高/m	洪水标准		泄洪消能方式	开发方式/厂房型式
										P=%设计/(m³/s)	P=%校核/(m³/s)		
16	镇巴县田坝水电站	渚河	20	64.3	15.2	9.6	Ⅵ 等小（1）型	闸坝	19.5	3.3%/1660	0.5%/2410	表孔底流	引水式/岸边式
17	紫阳县尚坝水电站	渚河	5	378	250	25	Ⅵ 等小（1）型	混凝土拱坝	32	3.3%/2470	0.5%/3570	表孔挑流	混合式/岸边式
18	紫阳县深阳水电站	渚河	5	1360	1158	90	Ⅲ 等中型	混凝土重力坝	51	2%/2770	0.2%/3980	表孔挑流	坝式/岸边式
19	紫阳县红椿水电站	渚河	6.4	340	41.3	86.7	Ⅵ 等小（1）型	混凝土拱坝	22	3.3%/2540	0.5%/3570	自由溢流跌流	混合式/岸边式
20	紫阳县毛坝关水电站	任河	25	2230	280	264	Ⅲ 等中型	混凝土重力拱坝	64	2%/5370	0.2%/6940	表孔挑流	混合式/岸边式
21	镇坪县安宁渡水电站	南江河	20	49.4	8.7	13.1	Ⅵ 等小（1）型	闸坝	13.5	3.3%/2180	0.5%/3110	表孔底流	引水式/岸边式
22	镇坪县白土岭水电站	南江河	49	2360	809	1452	Ⅲ 等中型	混凝土双曲拱坝	65	2%/2250	0.2%/3280	表孔挑流	混合式/岸边式
23	平利县桂花水电站	坝河	12	3252	1016	1220	Ⅲ 等中型	混凝土拱坝	56	2%/1650	0.2%/2378	表孔挑流	坝式/岸边式
24	平利县古仙洞水电站	坝河	6.75	2834	756	2024	Ⅲ 等中型	混凝土拱坝	61.4	2%/1261	0.2%/1901	表孔挑流	坝后式、引水式
25	商南县莲花台水电站	丹江	40	9537	4795	4928	Ⅲ 等中型	混凝土重力坝	72.9	1%/7240	0.1%/11300	表孔面流	坝后式
26	山阳县猛栏山水电站	金钱河	10	9507	4952	4371	Ⅲ 等中型	混凝土拱坝	69	2%/4445	0.2%/8035	表孔挑流	坝式/岸边式
27	宝鸡峡林家村水电站	渭河	8	5000	—	3800	Ⅲ 等中型	混凝土重力坝	49.6	2%/6040	0.2%/9720	表孔底流	坝后式
28	宝鸡峡魏家堡水电站	渭河	18.9	—	—	—	Ⅵ 等小（1）型	引水渠道水电站	—	—	—	表孔底流	引水式/岸边式
29	泾阳县文泾水电站	泾河	48	998	358	78	Ⅵ 等小（1）型	混凝土拱坝	42	3.3%/9570	0.5%/16900	自由溢流挑流	混合式/岸边式
30	周至县木匠河水电站	黑河	7.5	—	—	—	Ⅴ 等小（2）型	混凝土重力坝	4.5	10%/	2%/	自由溢流底流	引水式/地下式
31	华阴市罗夫河二级水电站	罗夫河	8	—	—	—	Ⅴ 等小（2）型	翻板闸	6.5	5%/198	1%/425	底流	引水式/岸边式
32	蓝田县蓝桥河水电站	蓝桥河	7.5	5.6	2.2	2.7	Ⅴ 等小（2）型	翻板闸	13	5%/410	2%/570	挑流	引水式/岸边式

2.4.1 工程等别及防洪标准

小水电站工程等别严格按照《防洪标准》(GB 50201—2014) 和《水利水电枢纽工程等级划分和洪水标准》(SL 252—2000) 确定。对综合利用工程，取综合利用项目中的最高分等指标作为工程分等指标。河床式电站厂房作为挡水建筑物，工程等别、防洪标准应与挡水建筑物一致。嘉陵江宁强巨亭水电站为河床式电站，装机容量 40MW，总库容 2300 万 m^3，按装机容量工程为Ⅳ等小 (1) 型工程，按库容为Ⅲ等中型工程，综合确定巨亭水电站为Ⅲ等中型工程，按 50 年一遇洪水设计，500 年一遇洪水校核。

一些地区由于水土流失、施工弃渣等导致河道普遍淤积，河床抬高、河槽萎缩，即使发生不超过设计标准的洪水，也可能对厂房造成一定的破坏，形成小水大灾，而电气设备被淹则损失很大，因此在设计中必须留有一定的余地。陕西省在设计中，对水电站Ⅴ等工程的厂房除遵循规范按 30 年一遇设计、50 年一遇校核外，还要求防洪堤按 100 年一遇洪水不淹厂房复核，在实践中取得了较好的效果。

根据《水利水电枢纽工程等级划分和洪水标准》(SL 252—2000)、《防洪标准》(GB 50201—2014) 规定，挡水高度小于 15m，上、下游水位差小于 10m 的山区工程，可以按平原区标准执行。有的低坝引水式水电站工程，厂房为Ⅵ等工程，按 50 年一遇设计、100 年一遇校核，但大坝按平原标准仅为 10 一遇设计、30 年一遇校核。虽然符合规范要求，但考虑该工程以纯发电为目的，10 年、30 年一遇洪水在山区较常见，若枢纽损坏，同样不能发电，因此枢纽防洪标准要与厂房相配套协调。

消能建筑物标准可以低于泄水建筑物标准。应能在宣泄设计洪水及其以下各级洪水流量时，具有良好的消能效果，对超过消能防冲设计标准的洪水，允许消能防冲建筑物出现不危及挡水建筑物安全、不影响枢纽长期运行并易于修复的局部损坏；设计中允许消能建筑物的设计标准可以低于主体工程，但必须是在不危及主体建筑物安全且易于修复的前提下，在软基上的消能工程设计标准一般不宜低于主体工程，尤其是闸坝式挡水工程。

2.4.2 工程总布置

小水电工程坝址 (线)、厂址的选择应根据地形地质条件、枢纽布置运行条件、施工条件、淹没损失、环境影响、工程量及投资等因素在技术经济比较的基础上选择。当坝式电站的挡水建筑物为混凝土坝、浆砌石坝时，其厂房可采用坝后式或河床式布置，若挡水建筑物为土石坝时厂房可采用岸边式。

河床式、坝后式电站厂房宜选择在河床稳定、水流平顺的河段上，并应有利于取水、防沙、对外交通及施工导流。某水电站为坝后式水电站，厂房布置在弯道凸岸顶点偏下游 (图 2-1)，由于泥沙淤积会导致尾水位偏高，机组出力受到影响。除根据水能条件及发电量要求外，还应考虑环境结合的要求，合理确定枢纽建筑物的高度。为降低坝高和降低淤积基准面，可以考虑在溢流堰顶建设闸门或水力翻板闸门等降低洪水位的措施。引水式电站的首部枢纽可采用低坝 (含低格栏栅坝) 引水，在弯曲河段上进水闸宜设置在凹岸弯道顶点偏下游的稳定河岸处，并应采取防沙、排沙措施。混合式电站的挡水建筑物为混凝土坝、砌石坝时，其进水口可布置在坝身或岸边，并靠近枢纽排沙设施布置。岸边式厂房宜布置在开阔、顺直河段，全省有多座水电站布置在河道弯道凹岸（图 2-2），防洪形势严峻，均发生过水淹厂房的情况。电站各建筑物布置宜避开高陡边坡，不能避开时应进行边坡稳定分析，对不稳定的岩体应采取工程措施。河道中下游的电站，漂浮物或冰凌较多时，则其引水建筑物的进水口附近应采取拦截、排除措施。陕北地区曾有水电站发生过流冰造成前池堵塞，导致水淹厂房的事故。

图 2-1　坝址布置于弯道处水电站

图 2-2　厂房布置于弯道凹岸的水电站

工程总布置优先考虑泄洪建筑物的布置，使其下泄水流不致冲淘坝基、其他建筑物基础及岸坡，流态和冲淤不致影响其他建筑物使用，雾化不致影响厂房、变电站、滑坡等安全。图 2-3 所示为采用挑流消能的水电站，水舌落点偏向左岸，对山坡造成一定冲刷影响。

修建大坝形成水库后，阻断了两岸群众的交通，在设计中结合坝顶交通等统筹考虑解决群众交通问题。很多山区人多地少，移民往往实行后靠安置，有的从河谷搬到了山腰，给群众生产、生活等带来了影响，因此在设计中应考虑采用增大泄洪宽度等措施、采用闸坝等方案来降低洪水位，尽量减少淹没和移民搬迁，同时结合坝顶交通、施工道路建设等来改善群众生活、生产条件。牧马河西乡县乔山水电站在闸顶建设 8m 宽交通桥（2 级桥梁），连接两岸交通，方便群众出行，如图 2-4 所示。

图 2-3　水电站泄洪建筑物

图 2-4　牧马河西乡县乔山水电站坝顶交通桥

近年来，一些水电站厂房布置在干流与支流交汇处，但设计时未对支流洪水计算引起足够重视，设计初期未考虑支流洪水与干流遭遇、叠加、顶托等问题，后期不得不进行防洪加固处理。

2.4.3 挡水建筑物

全省小水电站挡水建筑物以重力坝、拱坝、翻坝闸等为主，当地材料坝较少。

挡水建筑物在河道中布置时，应垂直于水流方向，但个别水电站主坝与水流成160°夹角布置，泄流时水流沿泄流前沿分布不均，导向左岸，达不到设计的泄流能力，使左岸坝后流速大、右岸坝后流速小，形成回流，淘涮右岸致使右岸岸坡易垮塌。

1. 重力坝

重力坝对不同的地形和地质条件适应性强，设计、施工技术相对简单，便于机械化施工；可在坝体中布置引水、泄水孔口，解决发电、泄洪和施工导流等问题，因此在陕西省小水电工程中得到了广泛应用，如丹江商南县莲花台水电站、金钱河山阳县猛柱山水电站、湑水河城固县马家沟水电站、渚河紫阳县深阳水电站等均采用了混凝土重力坝坝型。重力坝设计应进行水力、坝体稳定及坝体（基）应力计算（对非岩石基础上的重力坝还应进行沉降和渗流计算），以及浅层、深层抗滑稳定计算。个别水电站重力坝部分坝段存在侧向稳定不满足规范的问题，相邻坝段采取了连接为整体等措施。当采用碾压式混凝土重力坝时，其坝体结构布置应有利于碾压混凝土快速施工。

2. 拱坝

陕西省小水电站中有坝河平利县桂花水电站、南江河镇坪白土岭水电站、牧马河支流峡河西乡县左溪水电站、任河紫阳县毛坝关水电站、泾河泾阳县文泾水电站等20余座水电站采用了拱坝坝型，宁强县二郎坝、西乡县曲江洞水电站采用了拱堵头。

拱坝宜修建在河谷较狭窄、地质条件好的坝址上；拱坝轴线宜选在河谷两岸厚实的岩体上游，V形河谷宜选用双曲拱坝，U形河谷宜选用单曲拱坝；当坝址河谷的对称性较差时，坝体的水平拱可设计成不对称的拱，当坝址河谷形状不规则或河床有局部深槽时宜设计成有垫座的拱坝。拱坝设计应特别重视坝址地址工作，某水电站坝基坝肩开挖后发现坝址基岩破碎，坝肩存在不利结构面，被迫将坝线上移100m，还有两水电站原设计为拱坝，坝基、坝肩开挖后发现地质现状与勘察成果出入较大，不满足拱坝地质要求，被迫将坝型改为重力坝。拱坝是多次超静定结构，在进行水力、坝体应力、变形以及拱座稳定分析计算时，温度荷载是拱坝的重要荷载，内外温差和温降引起的温度应力是拱坝产生裂缝的主要原因，这一点在拱坝设计时要十分注意。温降时拱坝轴线缩短，向下游变位，由此产生的剪力、弯矩方向与水压力产生的剪力、弯矩方向相同，轴力方向与水压力产生的方向相反，对坝体应力不利；温升时拱坝轴线伸长，向上游变位，由此产生的剪力、弯矩方向与水压力产生的剪力、弯矩方向相反，轴力方向则与水压力产生的方向相反，此时对坝肩稳定不利。设计、校核洪水一般发生在温度较高的汛期，此时应力不一定最高，与重力坝最大应力出现在设计、校核洪水时的时段不同。计算时要根据不同工况进行应力组合、综合分析。

坝肩稳定要根据坝肩岩体构造、产状、裂隙组合、工况等综合分析计算。拱坝溢流堰顶以上拱圈被切断，两侧坝段分析和重力坝类似，拱的作用减弱，起到梁的作用。拱坝坝肩基岩应全径向开挖，拱座基岩面的等高线与拱端内弧切线的夹角不宜小于30°，但一些小水电站在施工进行非径向开挖，对坝肩抗滑稳定带来不利的影响。坝基河床覆盖层一般应全部挖除，不能全部挖除时须在结构上采取措施，如浇筑支撑拱等。西乡县左溪水电站坝基砂卵石未完全挖除，第五坝段浇筑在砂卵石上，最后被迫采取了灌浆的处理措施。

3. 翻板闸

翻板闸属于水力自控翻板门系列，系根据水力和杠杆原理，使其绕水平轴转动，一般当水位超过闸顶 15～20cm 时，闸门倾倒，水位降低后自动回复，从而实现自动开启和关闭，具有自动启闭、结构简单、便于管理和造价低廉等优点，在陕南地区得到了广泛使用。翻板闸流量系数约 0.303 左右，较其他型式闸孔泄流能力小。陕西省蓝桥河蓝田县蓝桥河水电站、玉带河宁强县大关峡水电站、罗夫河华阴市罗夫河水电站、旬河旬阳县季家坪水电站、岚河岚皋县岚河湾水电站等 30 余座水电站采用了翻板闸。全省小型水电站使用的翻板闸闸门高度一般在 3～5m 内。

翻板闸由闸门、溢流坝及下游护坦 3 部分组成，闸门采用水力自控双铰翻板闸门，由预制钢筋混凝土面板、支腿、支墩及滚轮等构件组装而成。目前，有的翻板闸还装设有液压启闭设施。翻板闸倾倒后闸门上下同时过水，面板上的溢流水舌与闸下孔流间形成空腔，空腔中的空气被水流带走，形成不稳定的负压。闸门两侧边壁使过闸水流两侧形成漏斗，带入空气使空腔压力不稳。闸门刚开启时远驱水跃在闸门底部产生的负压，闸门开度小时形成的波状水跃，闸门全开时临界淹没水跃及风浪造成闸上游水位不稳定，以上因素影响闸门的运行稳定。运行中普遍存在着诸多如突然翻倒、频繁摆动和“拍打”等失稳现象，对闸门的正常运行非常有害，轻者能引起工程结构的整体振动，产生噪声，重者可导致闸门失稳破坏。河道比降比较大时，泄洪时上、下游水位差较大，翻坝闸的受力条件更差，更易发生破坏。

洪水期，河道中漂浮的树木、杂草、垃圾较多，使翻板闸很容易被卡塞，造成漏水或严重影响自控翻板门的正常工作。多泥沙河流上也不宜采用，因泥沙淤积会造成闸门无法正常开启泄洪的情况。有的水电站翻板闸曾出现因泥沙淤积而无法开启的情况，最终用采用人工、机械辅助的方式开启。河道比降大、推移质多的河流也不宜使用，有水电站发生过汛期翻板闸钢筋混凝土面板被洪水挟带的漂石砸穿的情况。

4. 橡胶坝

橡胶坝是横放在溢洪道或拦河闸底部的一整块橡皮胶囊，当胶囊中充水胀起时挡水，放空一部分或完全放空时塌坝泄水。水电站橡胶坝宜建在河道顺直、河床及岸坡稳定、漂浮物和泥沙少的河段上，且坝高不宜大于 5m。优点是封闭孔口面积大，施工安装方便，只要将完整的胶囊用紧固件固定在闸底板上即可；不需门槽、预埋件和启闭设备，与钢闸门相比投资少。缺点是橡胶容易老化损坏，不易控制和调节流量及水位，易被树枝等漂浮物刺破，在多沙河流上容易磨坏胶囊，且易受淤积影响，检修时需将水放到槛底以下。当水位快速上涨，未及时塌坝时可能造成坝袋被压爆的可能。陕西省水电站采用橡胶坝的不多。

5. 基础处理

坝高小于 50m 时，大坝可置于弱风化中—上基岩上。坝高为 50～100m 时，置于微风化至弱风化中部基岩上。小水电站一般坝高不高，地质条件一般不构成工程建设的重大制约因素，一些工程既可放在岩基上，也可放在软基上，承载、变形均能满足，结合地形地貌、工程地质、下游消能、施工等因素，进行综合技术经济比较，确定大坝置于岩基还是软基上。旬河梯级电站坝高均在30m左右，覆盖层16m左右，但因镇安段河道挖沙、淘金等扰动严重，只能置于基岩上。旬河旬阳赵湾水电站坝址覆盖层为8～16m，覆盖层未被扰动，当大坝置于软基上时，需要设计截渗墙和下游消力池，如果放在基岩上，则不需要截渗墙和下游消力池。经过综合技术经济比较，最终采用基岩方案。

挡水建筑物防渗按照规范执行，灌浆后非岩溶地区岩体相对隔水层的透水率（q），当坝高在100m以上时，$q=1\sim3$Lu；当坝高为50～100m时，$q=3\sim5$Lu；当坝高在50m以下时，$q\leqslant5$Lu。岩基上水电站挡水建筑物的地基处理和岸坡连接设计，应满足强度、抗滑稳定、渗流稳定和绕坝渗漏及耐久性的要求，非岩石地基上挡水建筑物的基础处理设计宜采用铺盖、截水墙、换基等防渗措施（对深厚覆盖层的地基处理可采用高喷、混凝土防渗墙、振冲等工程措施）以满足强度、变形、防渗、排水和减少不均匀沉陷等要求。多泥沙河流上，经分析，淤积物的渗透系数及上游的淤积厚度适当能起防渗作用时，可考虑加以利用，但必须保证大坝初期安全。泾河泾阳县文泾水电站原设计有帷幕灌浆，坝基开挖后，基岩较好，加之泾河泥沙含量高，将来淤积严重，可以起到铺盖作用，文泾水电站大坝最终取消了帷幕灌浆。金钱河山阳县猛柱山水电站基础开挖后，岩石较好，经试验及审批后，将建基面抬高2m，节约投资近千万元，加快了工期。渚河镇巴县田坝水电站原设计有固结灌浆，坝基开挖后，基岩较好，取消了固结灌浆。

6. 导流洞封堵体

导流洞应尽量改建为泄洪洞、生态放流孔等设施，永临结合以减少投资，无法改建时则需封堵。封堵体是挡水建筑物的一部分，位置低，承受的水压力大，蓄水后一旦出现问题，处理起来将十分困难，国内已有多项工程出现此类问题。因此，对封堵体的设计、施工应高度重视，封堵应有完善的设计和施工措施。但小水电工程初步设计阶段不涉及封堵体设计，施工阶段往往由施工单位根据经验封堵，可能存在安全隐患。

封堵体的体型和长度根据承受水压力大小、地质条件、施工方法、封堵材料等因素综合分析确定，可采用刚体静态剪切原理计算其长度，较大工程也可采用三维有限元计算。等断面封堵体长度可按式（2-1）计算，即

$$L\geqslant P/[\tau]A \tag{2-1}$$

式中 L——封堵体长度，m；

P——封堵体迎水面承受的总水压，MN；

$[\tau]$——允许剪应力，取0.2～0.3MPa；

A——封堵体剪切面周长，m；考虑施工因素，封堵体上部与岩壁可能存在接触不紧密的情况，为安全起见，可不考虑上部1/4周长范围。

导流洞封堵闸门的设计，要校核闸槽抗剪强度。封堵体为大体积混凝土，应采取温控措施。沿坝部和周边缝漏水是封堵体失效的原因之一，因此必须做好顶拱120°范围回填灌浆，必要时要在封堵体变形（收缩）稳定后进行二次回填灌浆。回填灌浆完成后，还需进行固结灌浆。封堵体还需做好温度、变形、渗漏等监测。

长水工隧洞施工支洞等的封堵与此类似。

2.4.4 泄水建筑物

水电站泄水建筑物的型式、尺寸及高程应根据地形、地质、枢纽布置、泥沙、泄量、工程量、施工、投资等条件通过技术经济比较确定。泄洪建筑物正常运用（泄放设计洪水时）应保证挡水建筑物及其他主要建筑物的安全，并满足下游河道的防洪要求，泄放非常运用（校核）洪水时应保证挡水建筑物的安全。

1. 泄流方式的选择

混凝土坝、浆石坝宜采用坝顶溢流，也可采用坝身泄水孔或隧洞泄洪的方式。土石坝泄水建筑物宜采用开敞式溢洪道（当受条件限制时可采用开敞式进口的无压泄洪隧洞）；河床式电站宜采用闸、坝泄洪。选择坝顶表孔溢流时，流量与水头的1.5次方成正比，超泄能力强，便于排泄漂浮物、冰凌等，但不能预泄洪水。带胸墙的闸室结构减少了闸门高度和启闭机吨位，可以使设计、校核洪水位与正常蓄水位接近，但不利于排泄漂浮物、冰凌。全省小水电站中以表孔、自由溢流为主，带胸墙的孔口较少，仅有嘉陵江宁强县巨亭等少数水电站采用。

电站放水孔设置应根据供水、排沙、检修或其他要求确定。一般小水电大坝高度及库容均较小，可以不设泄水孔、放水孔，但对一些下游有重要城市、交通干线、排沙、放空等要求的，仍需要设置底孔。镇安县黄家湾水电站是旬河梯级开发的龙头水库，坝高65m，总库容7200万m^3，下游有19个梯级水电站，且有县城，因此在可行性研究报告设计审查阶段要求增设放空底孔。左溪水电站坝高71m，总库容538万m^3，但因工程右坝肩、坝基地质复杂，前期工作深度不够，为安全起见，利用原施工交通洞改建为放空底孔。

溢洪道陡槽及消能设施。在工程实践中，常因地质、地形、工程结构、枢纽整体布置等条件的限制，或者为了充分利用地形、依山傍势，使侧槽溢洪道在平面上不得不设置弯道，这种形式的溢洪道在泄流时，如果水流为急流，常常会产生弯道急流冲击波。西乡县曲江洞水电站工程溢洪道为明流弯道，且越到出口泄槽断面逐渐收缩，运行中有时存在折冲水流，流态紊乱。

南江河镇坪县安宁渡水电站见图2-5，由于下游堤防建设造成泄洪时水流向左岸转

图2-5 南江河镇坪县安宁渡水电站

弯，影响流态。嘉陵江宁强县巨亭水电站布置在弯道顶点下游，模型试验显示，泄洪水流较为顺直，但受弯道影响，泄洪时坝前左岸流态紊乱，见图 2-6。

图 2-6　嘉陵江宁强县巨亭水电站

2. 表孔

泄洪闸底槛高程根据洪水调节、泄洪排沙、堰型、施工导流等条件通过技术经济比较后确定。安装有闸门的表孔，当闸孔数小于 8 孔时，闸孔数一般均为奇数，便于对称开启，以使水流流态稳定。泄洪时一般应先小流量开启，待下游水位升高到一定深度后再大流量泄放，以利于减少对下游的冲刷。这种开启方式也有利于下游河道作业、活动的人员尽早撤离，起到示警流量的作用；也利于鱼类游到岸边流速较小区域躲避，关闸时应渐次关闭，防止突然全关而使鱼类搁浅。软基上的泄洪闸采用整体式结构布置，保持结构布置的匀称（闸室底板在中等紧密地基上或 7 度以上地震区宜采用整体式平底板；在紧密地基上可采用分离式平底板、箱式平底板、折线底板、反拱底板等；在地基表层松软时可采用底堰底板）。软基上的泄洪闸的闸室上游设铺盖，下游消能方式采用底流消能并设护坦、海漫、防冲槽等。

3. 泄洪洞（孔）

对泄洪隧洞、放水底孔进行经济技术比较后可与施工导流洞相结合，泄洪隧洞在技术经济比较的基础上选择有压流或无压流。

工作闸门布置在进口的隧洞一般为无压泄水孔，由有压段和无压段组成。这种布置的优点是工作闸门和检修闸门均在首部，运用管理方便。缺点是如果体形设计不当或施工质量不良，在高速水流作用下容易产生空蚀破坏，运行中应避免有压流、无压流交替出现的现象。无压洞在平面上一般作直线布置，其出口一般高出下游校核洪水位，防止在孔内出现水跃。为了保证洞内为稳定的无压流态，门后洞顶一般高出洞内水面一定高度，并在工作门后设通气孔，主要作用是泄洪时补气，以防止管壁在内部出现真空时失稳。通气孔的出口应设在水库最高水位以上，以防在高水位时向外溢水。通气孔出口一般不能设在启闭机室内，否则应采取安全防护措施。

对属高速水流的无压泄水孔的通气孔，孔口风速可达 40～50m/s。对通气孔断面积的选择，目前尚无完善的理论公式计算，通常是按通气量的大小及允许的风速来确定，即

$$F=\frac{Q_0}{V_0} \qquad (2-2)$$

式中　Q_0——通气孔的通气量，通常采用等于管道的设计流量；

V_0——允许风速，一般采用40～50m/s。

工作门布置在出口的一般为有压泄水洞。运行中常用事故检修闸门作挡水之用，以免洞身长期承受较大的内水压力，并避免泥沙淤积在洞中。有压泄水孔洞内水流平稳，门后通气条件好，便于部分开启，管理方便。压力洞为保证洞内不出现负压，出口顶部进行压坡，出口断面面积一般收缩为进口面积的80%～90%。泾河泾阳县文泾水电站冲砂洞原设计为压力洞，泄洪洞设计水头 h 与隧洞直径 d 的比值较大，施工中取消了出口控制闸门，缩小出口并增设了排气孔，以消除明满交替。

事故闸门后应设通气孔，作用是紧急关闭放空引水道时补气以防出现有害真空，引水道充水时用以排气。通气孔一般与检修进人孔合二为一。潜孔式闸门门后不能充分通气时在紧靠闸门下游孔口的顶部设置通气孔，通气孔防止形成连通管，其顶端与启闭机室分开并高出校核洪水位，孔口设置防护设施。通气孔面积选用时，对引水发电管道的快速闸门或事故闸门可按管道面积的5%选用，对泄水管道的工作闸门或事故闸门可按泄水管道面积的10%选用，对检修闸门可选用大于或等于充水管的面积。

高流速的泄水隧洞在同一段内不得采用有压流与无压流相互交替的工作方式。在实践中，设计或运行不当，使无压流变成半有压或压力流，有可能给工程安全带来严重隐患，运行中洞内发出“咕隆隆”的阵发性响声，使洞身遭受破坏，甚至导致工程失事。有些有压洞由于操作的错误也会产生很大的水锤压力而破坏洞身。造成明满交替的主要原因一般有：①未留通气孔或通气孔面积不够，由于掺气作用，使进口掺气水流的水面线升至洞顶形成半有压流或有压流；②无压洞出口下游水位超过设计高程，形成缓流或淹没出流，受下游水位的顶托而封闭洞口，形成间断性的半有压流；③设计选用的糙率和谢才系数与实际不完全吻合，洞内实际水深比计算值大，水面以上空间部分不够25%，发生水面碰顶现象，使洞壁受到间歇性动水压力作用而引起洞身的破坏；④无压洞超标准运用成有压或半有压，使洞内产生明满流交替的状态。

4. 冲沙闸（孔）

全省小水电站设计中特别重视保证进水口“门前清”，尤其是黄河流域水电站，对低坝引水式水电站，冲沙闸几乎是枢纽的“标配”。冲沙闸规模一般按泄放常遇洪水（2～3年一遇洪水，造床流量）流量来确定，其一般不参与泄洪计算，其泄量作为泄洪的安全储备。冲沙闸尽量靠近进水口布置，底槛高差在1.5～2.0m以上，可根据泥沙水下摩擦角来核算。某水电站进水口布置在右岸，而冲沙闸布置在左岸，对保证进水口“门前清”作用不大。冲沙孔可布置在进水口一侧，也可布置在机组段之间，还可布置在进水口下方。泾河文泾水电站冲沙洞布置在进水口正下方，底槛高差达21.7m。

2.4.5　消能建筑物

目前常用的消能形式有底流式消能、挑流式消能（含跌流）、面流式消能和消力戽消能等。设计中，要保证宣泄设计洪水及其以下各级洪水流量时具有良好的消能效果，对超过消能防冲设计标准的洪水，允许消能防冲建筑物出现不危及挡水建筑物安全、不影响枢纽长期运行并易于修复的局部损坏。

1. 消能建筑物设计标准

设计中允许消能建筑物的设计标准低于主体工程，但必须是在不危及主体建筑物安全且易于修复的前提下，在软基上一般不宜低于主体工程。在小水电工程技术审查中发现，陕西省个别工程在软基上的护坦设计标准低于泄洪工程防洪标准，这是不合适的，因为软基上的消能工程一旦被破坏，无法迅速修复，将发生溯源冲刷，直接危及泄洪工程安全。

2. 常遇洪水时的消能安全

在基岩良好、泄流量不大的情况下，一些小型拱坝采用了跌流的消能方式，其结构简单、施工方便，但小流量时易淘坝脚。渚河紫阳县红椿水电站原采用跌流设计方案，为避免坝后冲刷，影响大坝安全，在坝脚增设短护坦，在溢流堰顶增设鼻坎。拱坝、重力坝小流量挑流时水舌通气条件不好，易产生贴坡流，落点在坝趾，一般设短护坦或加深齿墙。坝河旬阳县桂花水电站采用挑流消能，设计工况时挑距70m，为安全起见，仍在坝后增设护坦。

陕西省小水电工程中，部分工程在设计及校核洪水情况下，上下游水位差不大。但正常蓄水位情况下或小流量泄洪时，上下游水位差反而更大、水头更高，对下游冲刷更严重。因此，更应注意常遇洪水及正常蓄水位情况下小流量泄洪时消能安全，采用面流、底流消能时，还应复核护坦末端流速。例如，牧马河西乡县乔山水电站、旬河旬阳大岭水电站等，这些工程护坦设计不是由设计、校核洪水工况控制，而是由常遇洪水及正常蓄水位情况下小流量泄洪控制。无论是挑流还是底流消能，运行中闸门可对称小流量开启，待下游水位达到一定深度再大流量下泄，有利于减少下游冲刷破坏。

3. 拱坝向心集中

当拱坝泄水建筑物表孔闸墩径向布置时，采用连续式挑坎，挑坎沿径向收缩，出坎水舌基本沿径向下泄，将表现出明显的向心集中趋势，拱坝中心角越小、坝轴线越短越明显。向心集中使下泄水流出口宽度减小，总泄量比直线布置减少5%～10%（视向心程度）、单宽流量增大，出坎挑流水舌在空中没有经过充分扩散、掺气就集中下泄入水，且水舌落点过于集中，消能难度加大。可变化挑坎形式，采用窄缝、宽尾墩等复合型消能工，将窄缝挑坎与经典的扩散挑坎进行有机结合，形成立体消能。坝河旬阳县桂花水电站采用了窄缝、宽尾墩等复合型消能工，取得良好效果。

4. 泄洪消能建筑物水力过渡设计、空蚀及其他影响

（1）雾化。应充分考虑挑流消能的水流雾化影响。挑流雾化区的水雾高度可达正常蓄水位，影响长度可达1km，水雾强度可达暴雨级别。对拱坝挑流、跌流消能，特别是高拱坝空中对冲消能的泄洪雾化对枢纽建筑物、下游两岸山体、电气设备、输电线路、交通道路和各种洞口等均有不利影响，干旱地区雾化还会造成滑坡等地质问题，必要时应采取相应的防护措施。多泥沙河流泄洪还会产生泥雾，常造成厂区升压变电站污闪。某水电站位于黄河流域，汛期泥沙含量大，为引水式水电站，坝址厂址相距200m，泄洪时泥雾造成变电站严重污闪，影响正常生产。某水电站为坝后式水电站，厂坝相距50m，拱坝采用挑流消能，2010年泄洪时严重雾化导致水淹厂房，造成重大损失。紫阳县深阳水电站考虑到雾化影响，采用户内变电站方案，避免了雾化对电气设备的影响。

(2) 水舌落点。要重视泄洪水舌落点对岸坡稳定、交通道路等的影响。西乡县左溪水电站采用挑流消能，原设计水舌落点位于左岸岸坡，岸坡岩层构造为顺向坡，泄洪将冲击、淘刷坡脚，可能造成岸坡滑坡，直接影响坝后交通，最后调整溢洪道布置角度，对落点进行了调整。湑水河城固县马家沟水电站泄洪挑流水舌落点位于河道右岸弯道岸坡上，好在岩体结构比较完整，但长期冲刷将造成卸荷裂隙发育，不利于岸坡稳定。

(3) 尾水淤积。泄洪时，水流流速与水头成正比（$v=4.43h^{1/2}$），水头越高流速越大，如某水电站鼻坎末端流速达到25m/s以上，而发电尾水流速仅在2～3m/s内。由于泄洪段流速远大于发电尾水流速，因此易在尾水渠处形成回流，大量泥沙等被带到低速区堆积，冲坑堆积物造成尾水淤积。桂花水电站进行了模型试验，试验结果显示，设计洪水时，下游河道冲刷较为严重，基岩以下冲深17m，冲坑堆积物封堵了整个河床，防护堤翻水，厂房被淹，水舌两侧存在不同程度的回流；校核洪水时，水舌落点偏向右岸，左岸产生较强回流，使水舌落点至坝脚之间形成逆时针方向的绕流，冲淤也更为严重，基岩以下冲深21m。在工程实践上，采用了延长、加高导墙、宽尾墩等一系列措施，使问题得到了解决。

(4) 水力过渡设计。一些小水电站在设计中未重视水力过渡设计，运行中易造成空蚀破坏。泄水和消能建筑物的下列部位或区域发生空蚀破坏的可能性大，设计及运行中应特别重视：①进出口、闸门槽、弯曲段以及水流边界突变处；②反弧段及其附近；③异形鼻坎、分流墩；④消力池中的趾墩、消力墩；⑤溢流面上和泄水孔内流速大于15m/s的区域；⑥溢流面施工不规则部位、残存的钢筋头等位置。为了使水流平顺地通过闸孔，减少孔口收缩，闸墩上下游墩头一般宜做成流线型，胸墙上游面底部宜做成流线型以利于水流扩散，减少局部阻力，增大闸孔泄流能力。

2.4.6 引水建筑物

小水电站引水建筑物的形式根据电站的开发方式、使用要求、地形地质条件和挡水建筑物的类型，结合枢纽总体布置和施工条件，经技术经济比较确定。

1. 进水口

进水口设计应符合以下要求：在各级运行水位下，水流顺畅、流态平稳、进流均匀，并满足引用流量要求；避免产生贯通式漏斗漩涡；在泥沙淤积严重的河流设置防沙和冲沙设施；在多污物河流上设置防污、排污设施（严寒地区设置有防冰、排冰设施）。进水口应进行水头损失、引水流量、有压进水口的通气孔面积和竖井式进水口上游管道的水锤压力等水力计算。

岸边开敞式进水口位置宜选在稳定河段上，对多泥沙河流其进水口宜选在弯曲河段凹岸弯道顶点的下流附近，在漂浮物和冰凌严重的河段宜选在顺直河段，进水口底板高程应高于冲沙闸底板和冲沙廊道进口高程，其高差不宜小于1.0m，多泥沙河流在1.5m以上。开敞式进水口前拦沙坎高度不宜低于1.5～2.0m（或为冲沙槽内水深的50%左右），拦沙坎前缘与冲沙闸前缘的夹角宜为105°～110°，栅条宜采用梯形断面，宽度宜为1.2～2.0cm。

潜没式进水口底板高程应高于孔口前缘水库冲淤平衡高程，其顶缘在上游最低运行水位以下的淹没深度应满足进水口不产生贯通漏斗漩涡及不产生负压的要求，并应不小于1.0m。河床式水电站机组安装高程一般较低，要充分考虑泥沙淤积、污物影响，其进水口应设置防沙、排沙及拦污、清污设施。

2. 隧洞

引水隧洞进、出口宜布置在地质构造简单、山坡稳定、岩石坚硬和土石方开挖量较小的地段，并应避免高边坡开挖；洞线与岩层、构造断裂面和主要节理裂隙面的夹角对整体块状结构的岩体中不宜小于30°，对层状岩体中不宜小于45°，并宜避开严重构造破碎带、软弱结构面及地下水丰富地段，如无法避免应提出相应的工程措施。洞河岚皋县龙板营水电站为城门洞型有压引水隧洞，断面尺寸2.35m×2.975m。洞线穿过区域较大断层，地下水位较高，且上有冲沟，施工甚为困难，最后不得不采用钢轨支护、管棚注浆等施工措施。观音峡水电站、木匠河水电站田坝水电站隧洞均遇到较大断层，对工期造成严重拖延。

引水隧洞洞顶以上和傍山隧洞岩体的最小厚度应根据地形地质条件、隧洞断面形状及尺寸、施工成洞条件、内水压力、衬砌形式等因素综合分析决定。引水隧洞的纵坡应根据运用要求、上下流衔接、沿线建筑物底部高程、施工条件、检查条件等因素综合分析后确定，沿程不宜设平坡和反坡。压力隧洞上覆围岩重量应大于洞内静水压力，傍山隧洞外侧围岩的最小厚度应大于洞内静水压力。相邻两隧洞间的岩体厚度不宜小于2倍洞径或洞宽，岩体好时可减小但不宜小于1倍洞径（或洞宽），应有利于施工支洞的布置。有压引水隧洞全线洞顶的最小压力余幅在最不利运行工况下不宜小于2.0m。压力隧洞宜采用圆形，其断面尺寸应根据隧洞工程投资和电能损失等综合分析比较确定，隧洞最小内径不宜小于1.8m。隧洞设计流速宜为2～3m/s。

无压隧洞上覆岩体厚度不宜小于1.5倍开挖跨度：傍山隧洞外侧围岩的最小厚度对无压隧洞不宜小于开挖跨度的3倍。隧洞线路宜顺直且其转变半径不宜小于洞径（或洞宽）的5倍、转角宜小于60°。弯曲段首尾宜设直线段，其长度宜大于5倍洞径（或洞宽），无压隧洞宜采用圆拱直墙式断面或马蹄形断面。圆拱直墙式断面的圆拱中心角可选用90°～180°，高宽比可选用1～1.5。洞宽不宜小于1.5m且洞高不宜小于1.8m。洞内水面线以上空间面积不宜小于隧洞断面面积的15%，且高度不宜小于0.4m。

引水隧洞的混凝土和钢筋混凝土衬砌强度等级应不低于C15。单筋钢筋混凝土衬砌厚度不宜小于25cm，双层钢筋混凝土衬砌厚度不宜小于30cm。限制设计允许最大裂缝宽度不应超过0.30mm（当水质有侵蚀性不宜超过0.25mm）。采用喷锚衬砌的引水隧洞其洞内允许流速不宜大于8m/s，喷混凝土厚度不应小于5cm且不宜大于20cm。引水隧洞的混凝土和钢筋混凝土衬砌顶部必须进行回填灌浆，灌浆的范围、孔距、排距、压力及浆液浓度等应根据衬砌结构的形式、隧洞工作条件及施工方法等分析确定，灌浆孔应深入围岩5cm以上。地质条件差的地段应采用固结灌浆处理，固结灌浆参数可通过工程类比或现场试验确定。

不衬砌的长引水系统应设置集石坑、放空检修设施。

佛坪县西花水电站采用西河西花、金水河岳坝双引水枢纽。西花正常蓄水位1002m，岳坝坝址正常蓄水位为1012m，西花大坝坝高69m，水库消落深度22m。但岳坝枢纽不是引水入库，而是在通过无压隧洞与西花压力隧洞在洞中交汇，交汇处水头差最小10m。由于岳坝引水洞水流从无压流转换为有压流过程中会产生水流挟气现象，在岳坝明流洞与西花主洞交汇处陡坡段的进口处可能出现明满流交替的流态。为避免将气泡带入西花主洞，在压力洞前设置消能除气室、排气孔，解决了压力不平衡的问题，使水力过渡、流态等问题得到解决，避免水流挟气影响水轮机寿命及气泡溃灭引发的不利结果。

3. 引水渠道

全省老电站采用渠道引水的较多，如西乡县王子岭水电站、澄城县三眼桥水电站、石泉县筷子铺水电站、泾惠渠新庄等。新建的水电站中采用渠道方案的较少，主要原因是渠道征地投资大，环境影响大，后期维护复杂。渠道选线宜避开地质构造复杂、渗透性大及有崩滑（湿）陷、泥石流等地质的地段，并应避免深挖方和高填方且应少占地、少拆迁。渠线应尽量顺直，衬砌渠道的弯曲半径不宜小于渠道水面宽度的 2.5 倍，未衬砌渠道的弯曲半径不宜小于水面宽度的 5 倍，严寒地区渠道线路宜沿阳坡布置且其弯曲半径不应小于水面高度的 5 倍。引水渠道的纵坡、横断面根据地形、地质、水力条件结合经济分析后确定，地面坡降陡且起伏大、地下水位低的山丘及严寒地区宜采用宽窄深式断面，地势平坦、地下水位高、地基土冻胀性强及有综合利用要求的渠道宜采用宽窄深式断面，山区傍山渠道宜采用封闭的矩形箱式断面，渠顶超高应符合规定，严寒地区冬季运行的渠道超高可加大。渠堤或渠墙顶宽在无通车要求时砌石衬砌渠道宜采用 0.5～0.7m。

4. 调节保证计算及调压室

调节保证计算时，水工和水机专业应密切配合，根据电力系统的要求和水轮机输水系统的特性进行水轮机调节保证计算。蜗壳最大压力值应在额定水头和最高水头两种情况下按额定出力甩负荷的条件进行计算；水轮机蜗壳最大允许压力上升率，额定水头在 40m 以下时不得大于 70%；额定水头在 40～100m 之间时不得大于 50%；额定水头在 100m 以上时应小于 30%；机组额定出力甩负荷时最大转速上升率不宜大于 50%；机组容量占电力系统容量比例小时其机组额定出力甩负荷时最大转速上升率允许达到 50%～60%（超过时应进行专门论证）。

当压力上升率和转速上升率不能满足设计要求时可采取相关技术措施，如改变导叶关闭规律、改变输水管道尺寸、增加发电机飞轮力矩、设调压井或调压阀等。初步判别是否需要设置调压室，可根据压力水道中水流惯性时间常数判断。当其大于允许值时应设置调压室，允许值宜取 2～4s。当电站独立运行或机组容量在电力系统中所占的比例超过 50% 时，允许值宜取小值；当电站机组容量在电力系统中所占比例小于 20%时，允许值宜取大值。引水系统较短的水电站，适当加大隧洞断面，有可能不需要设调压室。山阳县猛柱山水电站设计引水流量 81.4m^3/s，隧洞长度 370.5m。初步设计阶段调整隧洞尺寸，进行技术经济比较，最终取消调压井。高水头小流量的冲击式机组有折向器，经论证也可不设调压井。如宁陕县鹿子坪水电站、西乡县曲江洞水电站等高水头冲击式电站均未设调压井。镇坪县白土岭水电站尾水为有压箱涵，设置了尾水调压室。

调压室的位置结合地形、地质、压力水道布置等因素通过综合技术经济比较后确定，宜尽量靠近厂房，缩短高压段长度，有效反射水锤波。断面面积一般根据托马公式计算，计算值一般较大。平利县渡船口水电站将原设计的垂直布置调压井变更为倾斜布置溢流式调压井，内径由计算断面 5.0m 变更为 2.6m，经原设计单位复核及电站满载甩负荷试验，变更方案基本可行，运行严格按照设定的机组开停机方式运行。

计算调压室最高涌波水位时，引水道的糙率取小值（当水库水位为正常蓄水位时，应以共用一调压室全部机组满载丢弃全负荷作为设计工况；当水库水位为校核洪水位时相应工况作校核）；计算调压室最低涌波水位时，引水道的糙率取大值（计算水库水位为死水位时共用同一调压室的全部 n 台机组由 $n-1$ 台增至 n 台，或全部机组由 2/3 负荷突增至满载。复核水位为死水位时，全部机组瞬时丢弃全负荷时的第二振幅）；调压室涌波水位计算应对可能出现的涌波叠加不利工况进行复核，当叠加的涌波水位超过最高涌波水位或低于最低涌波水位时，可调整运行方式或修改调压室断面尺寸。调压室最高涌波水位以上的安全超高不宜小于 1.0m，调压室最低涌波水位与压力引水道顶部之间的安全高度不应小于 2.0m，调压室底板应留有不小于 1.0m 的安全水深。

调压室的衬砌应根据围岩类别分别采用锚杆钢筋网喷混凝土或钢筋混凝土衬砌形式，围岩进行固结加固，寒冷地区还应设有防冻设施。调压室上部及外侧边坡进行稳定分析及加固处理，其附近宜设排水设施，其顶部设置安全保护设施。

中低水头水电站，最大水锤压强通常出现在调节过程终了，水轮机导叶可采取先快后慢的调节规律（两段关闭），以提高开始阶段的水锤压强，降低终了阶段的水锤压强。对于高水头电站，最大水锤压强出现在调节的开始阶段，可以采取相反的调节规律。

5. 压力管道

陕西省在方案选择时，能用竖井（斜井）方案的则不用明管，以尽量减少开挖对山体及植被的破坏，并利于后期运行维护。湑水河城固县马家沟水电站、黑河周至木匠河水电站、渚河镇巴县田坝水电站、渚河紫阳县红椿及尚坝等均采用了竖井或斜井方案。竖井、斜井方案要考虑围岩类别、岔管类型、规模及施工要求，综合分析确定。

巴水河西乡县曲江洞、西流河宁强二郎坝等水电站均采用了明管方案。明管的设计，一般在首部（前池、调压井）设事故闸门。考虑事故排水及检修，管道底部应高出地表 0.6m 以上。管道顶部在最大压力线以下 2m，两侧应设纵向排水沟，并与横向排水沟相连，沿管线应设维修巡查人行步道。但目前很多电站，无排水沟及检修步道，导致后期巡视检查、监测及维护困难。图 2-7 所示为水电站规范的与不规范的压力管道对比。

图 2-7　水电站压力管道对比

压力管道供水方式采用正向引进、侧向引进还是斜向引进需要进行论证比较，正向引进时水管轴线与厂房纵轴垂直，厂房纵轴大致与山坡及河流平行，开挖量小，进厂交通也较方便；但当水管因事故破裂时，高压水流直冲厂房，危及厂房和运行人员的安全。因此，正向引进方式多用在中、低水头的水电站，陕西省枣渠电站、新庄电站水头较低，为正向进水。但一些水头特别高的水电站如华阴罗夫河水电站（水头430m）、蓝田蓝桥河（水头420m）、西乡县曲江洞水电站（水头450m）都采用了正向引进，一旦管道失事将直接威胁厂房安全。

2.4.7　厂房

1. 厂房型式

陕西省小水电厂房以地面式为主，仅有黑河周至县木匠河水电站一座地下厂房。为减少对河道侵占和植被的破坏，木匠河水电站（装机7.5MW）采用了地下厂房，需加强管道维护、监测，并采取安全防范措施。于2010年建成，运行情况良好。地下式厂房宜布置在地质构造简单、岩体坚硬完整、地下水微弱结构及崖坡稳定的地段，主洞室纵轴线走向宜与围岩的主要结构面呈较大的夹角，在高地应力区其洞室纵轴线走向宜接近围岩的主应力方向。地下厂房发电机层至少应有两个以上通往屋外地面的安全出口，并至少应有一个直通屋外地面，出口高程应在校核洪水位以上。地面厂房的发电机层，安全出口也不应少于两个，且必须有一个直通屋外地面。

2. 厂房位置选择

厂房位置一般应避开冲沟和崩塌体；否则应对可能发生的大的山洪淤积、泥石流和崩塌体等危害采取相应可靠的防御措施。安康市某水电站厂房附近存在一个小冲沟，但未采取防护措施。汛期时暴雨将冲沟上游群众修建乡村道路时的弃渣冲入厂房，导致机组被掩埋，损失巨大。城固县马家沟水电站厂房布置在湑水河、石槽河交汇处，干支流存在洪水遭遇情况，干流洪水时顶托支流，造成厂房防汛形势严峻，进行防护处理。碑坝河南郑县中南水电站，厂房布置在沟槽下，管床沿沟槽布置，造成施工弃渣、泥石流冲入厂区。某水电站、变电站布置在一个小的冲沟处，运行期已发生两次泥石流破坏的情况。

厂址选择还应重视临时、永久高边坡问题，位于高陡边坡下时应对边坡稳定进行分析并采取相应的安全保护措施。尤其是同向边坡，当坡脚被切断时，滑动走向与边坡坡面走向夹角越小，对边坡稳定越不利，滑动面倾角越大，对稳定越不利。大道河岚皋县铁佛水电站就发生厂房后边坡滑坡而推倒再建厂房的情况。

3. 厂区布置

山区电站因为地形限制，多沿河道呈“一”字形布置，有的还挤占了一定的河道，有的尾水与河道主流不得不正交，这些可能会带来严重的防洪隐患和尾水被淤积。因此在厂房的设计中，在计算绘制厂址处的水位流量关系曲线时，对河道糙率、比降的选择尤要慎重，应以实测为主，计算作为参考。电站尾水渠的布置宜避开泄洪建筑物出口水流的影响，当受条件限制时，尾水渠与泄洪建筑物出口之间应设置导流墙。傍山厂房的山坡上应设置防山洪及滚石的设施。

地面式厂房厂区与枢纽其他建筑物的布置应相互协调，主厂房、副厂房、主变压器场、高压引出线、开关站、进厂交通、发电引水及尾水建筑物的布置应相互协调。开关站和主变压器场的位置宜靠近厂房（当受地形限制时主变压器和开关站可分开布置），地面式厂房和防洪建筑物形式应根据水位变幅确定。当水位变幅小、地形条件允许时，宜在厂房外修建防洪墙或防洪堤，当水位变幅大时可采用厂房挡水或设防洪门。泾河干流正常发电流量小于 60m^3/s，30 年一遇洪水流量达到 9570m^3/s，200 年一遇洪水达到 16900m^3/s，正常水位、设计、校核水位变幅极大，厂区防汛压力很大。彬县枣渠水电站、彬县程家川水电站、永寿和平水电站、永寿石桥水电站、淳化茨坪水电站全部采用防洪门（图 2-8），厂区防洪墙非常高。

图 2-8　泾河茨坪水电站防洪墙防洪门

2.4.8 生态放水建筑物

坝式水电站可以设计小机组，并设有节制措施的放水管（旁通管），在机组检修、蓄水时以下泄流量。设置鱼道的，鱼道可兼作生态放水设施。高坝混合式电站可以设计坝后生态电站（机组），引水式水电站必须设计生态放水设施。目前很多已成水电站由于没有设计放水设施，无法保证下游河道的生态流量，有的利用冲沙闸放水，由于开度小，平板闸门易引起震动和发生汽蚀。

生态流量泄（放）水设施的结构型式、尺寸规模遵循因地制宜、安全可靠、技术先进合理、经济适用的原则，参照有关规程规范，计算分析后确定。低坝引水式首选在大坝埋设无节制措施的放水管。部分电站存在放水管被淤堵的情况，因此放水设施应注意防止泥沙淤积，设置于淤积高程以上，与进水口设置于同一侧，并尽量靠近冲沙设施。水头较高时，还应考虑泄水对下游岸坡冲刷、雾化等不利影响。西乡县左溪水电站坝后设置有生态放水闸阀，但由于水头较高，放水时雾化非常严重，导致人员难以顺利到达坝后。

2.4.9 安全监测

一些私营电站因当初违规建设，一切因陋就简，未按规范要求设置安全监测设备，有的甚至没有布设任何监测设施，导致部分大坝监测项目不全甚至无法监测；有的在施工期未测初始值，有的是已经蓄水后补设监测设备，以致没有办法取得初始值，使监测成果的准确性大打折扣。施工管理混乱，有的虽然安装了设备，但边建设边损坏，最终工程建成时无法正常使用；施工中不监测施工期及初始值，以致蓄水后无法取得初始值，影响正确的判断。根据工程等别、重要性、型式、结构特性及地基条件等设置安全监测设施，其监测的项目应按规程规定选择。小水电站安全监测设计应以外部观测为主、以内部观测为辅，观测断面和观测点的选择应有代表性，其设计宜提供观测值的预计变动范围。小水电站监测设施应便于安装和维护，并有保护措施。

2.4.10　景观设计

重视小水电站建筑物的景观设计，在满足适用、安全、经济的基础上，实现艺术、美观和协调，争取实现建一座电站添一座景观。农村水电站应尽量美化外观，使外观和周边环境相协调。大坝、厂房等的设计，要改变传统的设计思路，不能单纯考虑结构安全和运行，要重视农村水电站建筑物在景观构图中的作用，要突出人与自然和谐相处的原则，适当融入当地人文艺术及自然环境景观。电站建筑设计应造型美观大方、方便实用，并与枢纽中其他建筑物相协调。应注意保护环境、绿化厂区。山阳县猛柱山水电站厂区采用园林设计，大大提升了周边环境（图2-9）。汉中石门水电站库区、石泉县鹅项颈水电站库区分别成为国家4A和3A级风景区（图2-10）。

图2-9　金钱河山阳县猛柱山水电站厂区

图2-10　子午河石泉县鹅项颈水电站管理区

2.5　机电及金属结构

2.5.1　水力机械

1. 机型选择

（1）装机方案。陕西省水资源70%集中在汛期，枯水期发电量不超过全年发电量的20%。根据河道径流特性、水库库容、运行方式、枢纽布置、电站工作水头范围、运行方式、电站效益、工程投资等进行综合论证来确定装机方案。在同样的装机容量下，有调蓄性能，额定流量能保证的水库电站可选择较少机组台数以节省投资。

流量不能保证的径流式电站可选择两台或两台以上，等容量或不同容量的机组，以适应不同流量情况下机组高效率运行和机组轮换、检修的需要。岚皋县龙板营水电站选择混流式机组，选定了两大一小的装机方案。经过分析，第一引水枢组不满足小机额定流量50%的时间达全年的30%（即约110d），第二引水枢组不满足小机额定流量50%的时间达全年的40%（约为146d）。当负荷小于45%、流量约小于额定流量的50%时，机组的运行稳定性显著降低，为了拉大大机、小机出力之间的差值，增强运行调度的灵活性，技术审查时要求进一步降低每个枢组小机单机容量，使大、小机流量合理衔接。

渭河某水电站装机容量9MW，装机方案为2×2.5MW+2×2.0MW，装机台数较多，机组容量太接近，增加了造价，运行并不灵活。

（2）机型选择。全省引水式水电站多采用混流式机组，如渚河镇巴县田坝水电站、泾河泾阳县文泾水电站。

坝式水电站水头30m以下的，多选择轴流式水轮机。例如，旬河旬阳县赵湾水电站坝址处多年平均流量60.1m^3/s，装机调节库容193万m^3，具有日调节能力，引用流量144.6m^3/s。采用两大一小（2×10MW+1×7MW）轴流机组的装机方案，大机选用ZD550-LH-270（280）水轮机配SF10000-28/4250发电机，小机采用ZZ550-LH-232水轮机配SF7000-22/3800的机组选型，大小结合、定桨及转桨结合使运行较为灵活。下游梯级大岭水电站调节库容80万m^3，电站装机方案为3×6.3MW，选用两台轴流定浆式及一台轴流转浆式水轮发电机组，运行灵活性远不如上游赵湾水电站。陕西省褒河汉中石门水电站装机40.5MW，设计水头70m，采用了轴流式机组，为全国采用此机型水头最高的水电站。

随着贯流式水轮机技术不断成熟，与轴流式水轮机相比，具有流态好、效率高、体积小、可靠性高的优点，同时土建工程相对简单，节约投资，部分电站也采用贯流式机组，如嘉陵江宁强县巨亭水电站、岚河岚皋县湘子坝水电站、冷水河南郑水电站（装机2×0.4MW）。采用贯流式水轮机机组，但单机容量小的水电站要考虑机组制造难度及后期管理需要。嘉陵江宁强县巨亭水电站装机容量为40MW，水头14m，初设阶段采用两大一小（2×16MW+1×8MW）贯流式机组的装机方案，由于单机8MW小机组制造难度大，最终结合机组订货，进一步优化装机方案及机组选型，改为三台等容量机组。

陕西省一些水头较高的水电站则采用了冲击式机组，如巴水河西乡县曲江洞水电站（水头450m）、华阴市罗夫河水电站（水头430m）、蓝桥河蓝田县蓝桥河水电站（水头420m）。冲击式机组效率稍低，但土建工程方面简单。

（3）安装高程。机组安装高程应根据水轮机各种工况下允许吸出高度值和相应尾水位确定。装机多于两台时应满足一台机组在各种水头下最大出力运行时的吸出高度和相应尾水位的要求；装机1～2台时应满足一台机组在各种水头下50%最大出力运行时的吸出高度和相应尾水位的要求；灯泡贯流式机组宜根据电站水头、流量、出力和转轮空蚀系数的实际组合工况进行计算确定，并应满足尾水管出口顶部淹没0.5m以上的要求；冲击式水轮机的安装高程应满足排空和0.2～0.3m的通气高度要求；立轴式水轮机尾水管出口顶缘应低于最低尾水位0.5m（卧轴式水轮机尾水管出口的淹没水深应大于0.3m）。冲击式水轮机的尾水位与转轮必须保持2m左右距离，尾水应无压流动，转轮必须在空气中运行。

2. 辅助系统

（1）技术供、排水。小水电站技术供水方式根据电站的工作水头范围确定。工作水头小于15m时宜采用水泵供水；15～100m时宜采用自流减压或射流泵及顶盖取水供水；大于120m时宜采用水泵供水（也可采用减压供水）。若电站工作水头范围不宜采用单一供水方式则可采用混合供水方式并应经技术经济比较后确定不同供水方式的分界水头。技术供水系统应有可靠水源（可从上游、下游及外来水源取水，取水口不应少于两个，每个取水口应保证通过设计流量）。水轮机轴承润滑用水、主轴密封用水的备用水源应能自动投入。采用水泵供水方式时应设置备用水泵，当一组水泵中任何一台发生故障时备用水泵应能自动投入运转。技术供水系统应设置滤水器（滤水器清污时系统供水不应中断，供水系统水中含沙量大时应论证是否设置沉沙、排沙设施。轴承润滑水、主轴密封用水的水质应满足机组用水要求）。

机组检修排水和厂内渗漏排水宜分别设置排水泵。机组检修排水泵应设两台，其总排水量应能保证在4～6h内排除一台水轮机过水部件和输水管道内的积水以及上、下游闸门的漏水。每台水泵的出水流量应大于上、下游闸门的总漏水流量。厂内渗漏集水井排水泵应不少于两台（其中一台备用），排水泵应能随集水井水位变化自动运转并应能在水位超过警戒水位时及时报警。厂区室外排水应自成系统（不得将其引入厂内集水井或集水廊道）。

（2）压缩空气系统。小水电站厂房内可设置中压和低压空气压缩系统，其规模可按设计要求的空气量、工作压力和相对温度确定。供油压装置油罐充气的中压空气压缩系统的压力应根据油压装置的额定工作压力确定。其空气压缩机宜为两台，一台工作，一台备用，并应设置储气罐。空气压缩机的容量可按全部压缩机同时工作在1～2h内将一个压力油罐的空气压力从常压充到额定压力的要求确定。储气罐的容积可按压力油罐的运行补气量确定。储气罐额定工作压力宜高于压力油罐额定工作压力0.2～0.3MPa，供机组制动、检修维护和蝴蝶阀、水轮机主轴围带密封用。低压空气压缩系统的压力应为0.7～0.8MPa，当低压空气压缩系统不能满足蝴蝶阀围带充气要求时，可用中压空气压缩系统减压供给，机组制动用气储气罐的总容积应按同时制动的机组台数的总耗气量确定，空气压缩机的容量应按同时制动的机组耗气量和恢复储气罐工作压力的时间确定，恢复储气罐工作压力的时间可取10～15min，机组制动应有备用空气压缩机或其他备用气源。当机组需采用充气压水方式进行调相运行时，其充气用空气压缩机可与机组制动用空气压缩机共用，其容量应按调相压水的用气量确定（但调相供气管路和储气罐应与机组制动用气系统分开），调相用储气罐容积应根据一台机组调相时初次压低转轮室水位所需用的空气量确定（调相用空气压缩机的总容量应按一台机组首次压水后恢复储气罐工作压力的时间及已投入调相运行的机组总漏气量确定。恢复储气罐工作压力的时间可取15～45min）。

（3）油系统。设置透平油系统和绝缘油系统，其设备、管路应分开设置，并满足储油、输油和油净化等要求。透平油和绝缘油油罐的容积应满足储油、检修换油和油净化等要求，透平油罐的容积宜为容量最大的一台机组用油量的110%，绝缘油罐的容积宜为容量最大的一台主变压器用油量的110%。油净化设备应包括油泵和滤油机，其品种、容量和台数可根据电站用油量确定，电站油系统宜设置简化油化验设备，梯级水电站或水电站群宜设置中心油务系统，中心油务系统应设置储油、油净化设备和油化验设备。

2.5.2 电气

1. 电气主接线

电气主接线根据电站在电力系统中的重要性、枢纽布置和设置特点等因素确定，并应满足运行可靠、接线简单、操作维修方便和节省工程投资等要求，当电站分期建设时接线应便于过渡。电站升压变压器高压侧接线宜选用单母线或单母线分段、变压器-线路组、桥形和角形接线方式，发电机电压侧接线可选用单元或扩大单元接线、单母线或单母线分段接线。当梯级水电站电能集中送出时，主接线方案还要考虑中心升压站及输电走廊的方案。西流河宁强天生桥、二郎坝、卧龙台一期、卧龙台二期 4 座电站在卧龙台二期建设中心升压站，集中上网。池河宁陕县太山、铁炉坝、梨子园等电站均采用此种方式。

2. 电气设备选择

电气设备应选择先进、节能、环保、安全的产品，必须具备电气五防功能，即防止带负荷拉合刀闸、防止带接地线（接地刀闸）合闸、防止带电挂接地线（或带电合接地刀闸）、防止误拉合开关、防止误入带电间隔。主变压器台数选择时应进行技术经济比较，台数多时运行灵活，但投资增大，选一台时，当负荷较低时则损耗较大。

3. 厂用电

小水电站的厂用电电源宜由发电机电压母线或单元分支线接出（也可从 35kV 电压母线或出线上供电），厂用变压器不应超过两台（装设两台厂用变压器时，其中一台变压器可与外来电源连接）。厂用变压器宜采用干式变压器，其容量选择应符合相关规定：装设一台变压器时容量必须满足最大计算负荷；装设两台变压器时，若其中一台检修或出现故障则另一台应能担负电站正常运行时的厂用电负荷或短时最大负荷；计算小水电站的厂用电负荷时应顾及负荷率和网损率，并应校验电动机自启动负荷。小水电站厂用变压器的高压侧宜装设断路器。小水电站厂用电的电压应采用 380V/220V、三相四线制系统（装设两台厂用变压器时厂用电母线宜采用单母线或单母线分段接线）。小水电站坝区用电可由专设的坝区用电变压器或由厂用电直接供电，泄洪设施的供电应有两个独立的电源。

4. 小水电站的自动控制系统

水轮发电机组及其附属设备的控制应按机组自动化规定进行设计并应符合相关规定，即以一个命令脉冲完成水轮发电机组的启动或停机；水轮发电机组能自动调节有功功率和无功功率；机组附属设备、技术供排水系统及压缩空气系统等能够自动和现地手动控制。按集中控制设计的梯级水电站或水电站群各被控水电站可按无人值班（少人值守）的控制方式设计。

水轮机液压或电动操作的进水阀或快速闸门控制应包括在机组自动操作范围内，并能够现场进行操作（当机组发生紧急事故时应自动关闭进水阀或快速闸门）。

发电机宜采用自并励静止整流励磁系统，应装设自动灭磁装置，当电力系统发生故障而电压降低时应强行励磁；为限制水轮发电机转速升高引起的过电压应强行减磁。当小水电站设有中央控制室时，其进水阀或快速闸门、水轮发电机组、变压器、110kV线路和35kV线路、近区的坝区厂变高压侧断路器、直流系统等控制设备应在中央控制室内控制。中央音响信号系统应装设中央复归和重复动作的信号装置，采用计算机监控系统时中央音响信号宜由计算机系统完成。小水电站应装设带有非同步闭锁的手动准同步装置和自动准同步装置（采用计算机监控系统时宜采用专功能同步装置）。发电机出口、发电机—变压器组单元接线高压侧、对侧有电源的线路和母线分段等处的断路器应能够进行同步操作。

5. 小水电站的继电保护及自动装置

水电站电气设备继电保护及系统安全自动化装置的设计应符合《继电保护和安全自动装置技术规程》(GB 14285）和《水电厂继电保护设计规范》(NB/T 35010）的规定要求。电力设备和线路应装设主保护和后备保护装置，当主保护装置或断路器拒动时，应由元件本身的后备保护或相邻元件的保护装置切除故障。继电保护装置应由可靠元件构成并应满足可靠性、选择性、灵敏性和快速性的要求（保护装置的时限级差可取0.5～0.7s，当采用微机继电保护装置时可取0.3～0.5s）。配置各类保护装置的电流互感器应满足消除保护死角和减小电流互感器本身故障所产生影响的要求。保护装置用电流互感器（包括中间电流互感器）的稳态误差应不大于10%，保护装置和测量仪表用的电流互感器不宜共用一组二次线圈（若共用则仪表回路应通过中间电流互感器连接）。若电压互感器二次回路断线或其他故障会使保护装置误动作时，应装设断线闭锁装置并发出信号，若二次回路断线不会导致保护装置误动作则可只装设电压回路断线信号装置。保护装置回路内应设置指示信号，并能分别显示各保护装置的动作状况。装有断路器的110kV和35kV线路可装设自动重合闸装置。有两台厂用变压器的电站应装设厂用电备用电源自动投入装置。

6. 直流系统

小水电站的操作电源应符合相关规定。电站的操作电源应采用蓄电池直流电源装置，蓄电池应只装设一组并应按浮充电方式运行。操作电源电压宜采用直流220V。蓄电池容量应满足全厂事故停电时的用电容量和最大冲击负荷的容量。事故停电时间可按1h计算；无人值班（少人值守）的小水电站可按2h计算。蓄电池宜采用阀控式蓄电池，蓄电池的充电及浮充电宜采用一套整流装置，蓄电池组充电电源回路应设相应的电源指示。直流装置应具有自动完成充放电控制、电池容量及电压检测、绝缘监测及故障报警等功能。

7. 防雷接地

小水电站应有完善的过电压保护及接地装置。室外配电装置和露天油罐等应装设直击雷过电压保护装置（直击雷过电压保护装置可采用避雷针、避雷线）。小水电站厂房顶上和35kV及以下高压配电装置的构架上不应装设避雷针，在变压器的门形构架上也不得装设避雷针。1kV以下中性点直接接地的配电网络中其电力设备的金属外壳宜采用低压接零保护。接地装置设计尽量利用常年与水接触的钢筋混凝土水工建筑物的表层钢筋、压力钢管及闸门、拦污栅的金属埋设件；留在地下或水中的金属体等自然接地体，除利用自然接地体外还应设置人工接地网。自然接地体与人工接地网的连接应不少于两点且其连接处应设接地电阻测量井。在大接地短路电流系统中电力设备的接地电阻值应不大于0.5Ω，在小接地短路电流系统中应不大于4Ω，独立的避雷针（线）宜装设独立的接地装置，在高土壤电阻率地区可与主接地网连接（地中连接导线的长度不得小于15m）。

8. 母线及电缆

小水电站的电缆选型及敷设应符合规定。高压电力电缆宜选用阻燃交联聚乙烯绝缘电力电缆，易受机械损伤的场所应采用全塑阻燃铠装电缆。小水电站控制电缆宜采用铜芯全塑阻燃电缆，有抗电磁干扰要求时，应采用屏蔽阻燃电缆或对绞屏蔽阻燃电缆。小水电站电力电缆与控制电缆宜分开敷设，当敷设在同一侧或同一电缆托架（桥架）上时，控制电缆宜敷设在电力电缆的下方。小水电站埋地电缆的埋设深度不宜小于700mm（当冻土层厚度超过700mm时，应采取防止电缆损坏的措施）。小水电站电缆竖井的上、下两端以及电缆穿越墙体、屏柜和楼板等孔洞处应采用非燃烧材料严密封堵。对未采用阻燃电缆的电站，其进出屏柜接头处2～3m范围内应对电缆外层涂防火涂料。

9. 机电设备的布置

（1）厂房布置根据机组及流道、调速器、油压装置、进水阀、电气盘柜等尺寸并结合安装、检修、运行、交通及土建设计等要求确定主厂房机组段的长度和宽度，边机组段长度还应满足起重机吊运部件和进水阀所需尺寸的要求。主厂房净空高度应满足机组安装及检修要求：立轴发电机转子应连轴整体吊运；轴流式水轮机应连轴套装整体吊运；主变压器应进厂检修；灯泡贯流式机组应外配水环等部件翻身；起重机吊运部件与固定物之间的距离在铅直方向应不小于0.3m，在水平方向应不小于0.4m。安装场地面积应根据一台机组扩大性检修的需要确定，机组主要部件应布置在起重机吊钩工作范围之内并应满足相关要求：满足安装及大修过程中吊运大件次序的要求；满足机组大件之间、机组大件与墙（柱）和固定设备之间的净距为0.8～1.0m；满足车辆进厂装卸需要。安装场高程宜与发电机层高程一致，其宽度应与机组段宽度一致，其长度可按1.5～2.0倍机组长度初选。油罐室和油处理室应根据厂区的总体设计、气象条件和消防要求布置，其他辅助机械的布置应便于设备的安装、运行及检修维护。

（2）升压变电站布置。升压变电站宜布置在输电线路方向并靠近厂房，开关站和主变压器分开布置时，其主变压器应设在发电机电压配电装置室附近。6～35kV配电装置宜采用成套开关柜户内布置，户内高压配电装置应有防止小动物入侵的措施。110kV配电装置宜采用户外式布置，但在受雾化影响或地形条件受到限制时，可采用户内式布置；110kV配电装置也可采用GIS（封闭式组合电器）。变电站的布置须考虑泄水雾化等的影响，渚河紫阳县深阳水电站厂房与大坝较近，考虑雾化影响，采用户内变电站，保证了正常运行。个别水电站未重视此问题，对后期运行带来严重影响。

屋外主变压器场与厂房、宿办楼等厂区建筑物的距离必须符合《水利水电工程设计防火规范》（SDJ 278）。一些水电站为节省投资和方便管理，将容量较大的主变直接布置在主厂房内，且未采取任何安全措施，最终不得不移出厂房。主副厂房、安装间、中控室、继电保护室、母线室、母线廊道等火灾危险性类别为丁级，耐火等级为二级。当变压器总油量为5～10t时，防火间距不小于12m，当油量为10～50t时，防火间距不小于15m。当厂房外墙与变压器距离不满足防火间距时，厂房外墙应采用防火墙，且该墙与变压器外缘距离不应小于0.8m。厂房外墙距油浸变压器5m以内时，在变压器总高度加3m的水平线以下及两侧外缘各加3m的范围内，不应开设门窗和孔洞，在其范围以外的防火墙的门和固定式窗，其耐火极限不应小于0.9h。当发电机母线穿越防火墙时，母线周围空隙应用非燃烧材料封堵。油量为2500kg以上的油浸变压器之间，35kV及以下时，防火间距不小于5m，110kV时，防火间距不小于8m。当不满足要求时，应设置防火隔墙或防火隔墙顶部加设防火水幕。隔墙高度不应低于变压器油枕顶端高程，长度不应小于变压器储油坑两端各加0.5m。当防火隔墙顶部加设防火水幕时，其高度应比变压器顶盖高出0.5m。单台油容量超过1000kg的油浸主变压器及其他充油设备应设储油坑和公共储油池，单台室内油容量超过100kg的厂用变压器及其他充油设备设储油坑或挡油槛（图2-11）。

厂区外的屋外配电装置四周应设2200～2500mm高的实体围墙；厂区内的屋外配电装置周围应设置围栏，高度不应小于1500mm。升压站、变电站围墙结构稳定可靠，边坡稳定无隐患。隔挡间距不得超过0.2m，金属围栏要可靠接地。升压站内地面平整，无杂草，排水正常，电缆沟及各设备基础稳定。

图2-11 不符合安全距离的主变

（3）配电装置室应设防火门，并装有内侧不用钥匙可开启的锁，并应向外开启，防火门应装弹簧锁，严禁用门闩。相邻配电装置室之间如有门时，应能双向开启。

（4）电缆布置。重要电缆夹层、竖井、沟等区域应配备电缆监控装置以及防火门（墙）等设施，电缆竖井的上、下两端及进出电缆的孔口，应采用非燃烧材料封堵。操作直流、主保护、直流油泵等重要电缆采取分槽盒、分层、分沟敷设及阻燃等特殊防火措施。对非阻燃性分层敷设的电缆层间应增加耐火隔板，隔板耐火极限不应小于0.5h。电缆隧道及沟道在穿越厂房外墙处，穿越控制室、配电装置室处，电力电缆及控制电缆隧道每隔150m处，电缆沟道每隔200m处，电缆分支接引处等位置，设置防火分隔设施。

（5）绝缘油和透平油管路不应和电缆敷设在同一管沟内。油管和电缆都是易引起火灾的危险品，极易互相引燃，而且都是线状敷设，一旦发生火灾，会迅速在大范围内蔓延，扑灭非常困难。因此，油管与电缆必须分开管沟敷设，消除火灾隐患，避免造成生命财产的损失。

10. 辅助系统

（1）主厂房起重设备。小水电站主厂房应设置起重机，起重机的额定起重量应按吊运最重件和起吊工具的总重量并参照起重机系列的标准起重量确定，起重机的跨度可按起重机标准跨度选取，起重机的提升高度和速度应满足机组安装和检修的要求。起重机应选用轻级工作制（但制动器的电气设备应采用中级工作制）。

（2）采暖通风。我省陕南、陕北、关中地区气候情况差异较大，水电站采暖通风方式根据当地气象条件、厂房形式及各生产场所对空气参数的要求来确定。地面式厂房的主机间、安装场和副厂房的通风方式一般采用自然通风，当自然通风达不到室内空气参数要求时，可采用自然与机械联合通风、机械通风、局部空气调节等方式。主厂房发电机层以下各层可采用自然进风和机械排风的通风方式，封闭式厂房可利用孔洞采用自然进风和机械排风通风方式，当不能满足要求时采用空气调节装置。发电机采用管道式通风时其热风应引至厂房外并不得返回厂内。油罐室的换气次数应不少于 3 次/h，油处理室和蓄电池室的换气次数应不少于 6 次/h，室内严禁循环使用。油罐室、油处理室和蓄电池室应分别设置单独的通风系统，通风系统的排风口应高出屋顶 1.5m。SF_6 开关室换气次数应为 8 次/h，吸风口应设置在房间下部。主、副厂房的室内温度低于 5℃时应设置采暖装置并应满足消防要求。

（3）监视测量系统。小水电站水力监视测量系统应满足水轮发电机组安全、经济运行的要求，其监视测量项目应根据电站的水轮机形式和自动化水平确定。小水电站应分别设置上游水位、下游水位、水轮机工作水头、水轮机过流段压力、拦污栅前后水位差等参数的测量仪表，对容量大的电站应增设水库水温、机组冷却水温、机组过流流量、机组效率、机组振动、机组轴摆度等测量仪表。电气测量仪表装置应灵敏、优质，符合国家现行有关标准的规定，采用计算机监控系统的电站其电气测量仪表的配置应简化（有遥测要求时宜由计算机监控系统传送）。有分时计费要求的应设分时电能计量装置。

（4）照明。小水电站工作照明和事故照明的供电网络应分开设置，工作照明应由厂用电系统供电，当交流电源全部消失后事故照明可由蓄电池组或其他电源供电。工作照明发生故障中断后仍需继续工作的场所和主要通道应装设事故照明。小水电站工作照明和事故照明最低的照度标准及照明安全措施可参照国家现行有关标准的规定。生产厂房内外工作场所的常用照明，应保证足够的亮度。在操作盘、重要表计及设备、主要通道等地点还必须有事故照明；火灾事故照明、疏散指示标志，可采用蓄电池、应急灯作备用电源，但连续供电时间不应少于 20min；水轮机室、发电机风道和廊道的照明器，当安装高度低于 2.4m 时，应设有防止触电的防护措施或采用 24V 以下的安全特低电压；大坝廊道的照明，应落实防潮、防漏电措施。

（5）电站设置专用的电工修理间并按其规模和集中管理的要求配置电工修理工具和设备。装机容量 10MW 及以上的电站应设电气实验室，装机容量小于 10MW 的电站可配置简易电气实验室。集中管理的梯级水电站和水电站群可设置集中的电气中心实验室，电气实验室仪器仪表设备的配置标准可根据现行等级分类标准执行（有计算机监控系统的电站可适当增加专用仪器仪表）。

11. 消防设施

（1）消防灭火装置。小水电站的消防设计应符合国家或行业现行有关标准的规定，生产及非生产建筑物、构筑物均应按国家现行的有关标准的规定划分其危险性分类及耐火等级。小水电站厂区内设有消防车道时，其车道宽应不小于 3.5m，并宜与厂内交通道路合用。主厂房和高度在 24m 以下的副厂房应划分为一个防火分区。厂房的安全疏散通道应不少于两个。发电机层室内最远到最近疏散出口距离应不超过 60m。在水轮发电机、油罐室和主变压器等部位设置固定灭火装置。厂房应设排烟或消烟设施，并宜与厂内通风系统相结合。

（2）消防水源。小水电站消防给水管道、消防栓的数量和布置应符合国家现行的《建筑设计防火规范》（GB 50016—2016）的有关规定。主、副厂房及油罐室、升压开关站均应设置消火栓。消防给水管道的压力应保证当消防用水量达到最大且水枪布置在任何建筑物最高处时，水枪充实水柱不得小于 12m。厂区消防给水水源可采用天然水源自流、消防水池和消防水泵供水等。当供水水质、水压和水量应满足消防给水的要求时，消防给水可与生活、生产供水系统合并。给水设施采用自流供水方式时，取水口不应少于两个，且必须在任何情况下保证消防给水；给水设施采用水泵供水方式时，应设置备用水泵，其工作能力不应小于一台主要水泵，并保证在火警后 5min 内开始工作。消防设备的供电应按二级负荷供应，并应采用单独的供电回路，消防泵至少有两套独立电源或双回路供电，当发生火灾时，能保证消防用电，其配电设备应有明显标志。具有自启动和远方启动功能，火灾报警及自动灭火、隔离系统正常并投入运行。消防水泵设备检修应分批进行，保证非检修的消防水泵等消防设备随时启动。

（3）钢质油罐必须装设防感应雷接地装置。钢质油罐在雷电影响下，可能产生感应电压，如不接地，钢质油罐可能出现放电火花，引起油着火燃烧。有两处以上的可靠接地，可使感应电压对地形成通路，不会引起火花，避免火灾发生。接地电阻不应大于 30Ω，如果其接地电阻过大，即使接地，也可能会造成较高的感应电压，致使钢质油罐出现放电火花。

（4）小水电站厂房的主要疏散通道、封闭楼梯间、消防电梯主要出口和消防水泵房等部位应设置事故照明及疏散标志。小水电站火灾探测器宜带火灾报警信号装置。小水电站消防控制设备宜设在中央控制室内，当采用消防水泵供水时，应在消火栓箱中设有消防水泵启动设施。还需配备消防沙、移动式灭火装置。

2.5.3　金属结构

1. 拦污栅

拦污栅、拦污排的作用是防止有害污物、漂浮物等堵塞进水口和进入引水系统，而影响过水能力，增大水头损失，河流中下游的电站尤其要重视（图 2 - 12）。因拦污栅在正常清洁状态时，其前后的水位差只有 2～4cm，若拦污栅堵塞，将增大水头损失，影响过流能力，降低机组出力，压差过大还会造成栅条变形或被压断。各种污物在水压、流速作用下，紧紧压在拦污栅上，大部分电站依靠人工清污，清理非常困难。有的甚至木头通过拦污栅进入水轮机，造成机组异响、卡塞，出力严重下降，极大影响发电效益。陕西省多处小水电站发生汛期拦污栅被堵塞，严重影响发电的情况。堵塞严重时，狮坝水电站水头损失达 7m，检查时发现拦活栅堵塞近 70%。渭河宝鸡峡林家村水电站进水口前污物较多，每年需花费 200 多万元进行打捞清污（图 2 - 13）。旬河旬阳县赵湾、大岭水电站购置船只，安排专人打捞。因此，拦污栅及清污设施的设计需引起高度重视。

在污物少时可设置一道拦污栅，在污物多时可设置两道拦污栅及设置排污和导漂设施。多污物河流上进水口的拦污栅上应装设压差监测设备及报警装置，以掌握污物堵塞情况，便于及时清理。拦污栅宜为活动式并设置启闭拦污栅的机械设备，冲击式、斜击式水轮机禁止取出拦污栅运行。

拦污栅设计应采取措施减少过栅水头损失，拦污栅一般设计水头为4m左右，过栅流速一般按0.8～1.2m/s控制，人工清污或低水头电站一般按小值控制。竖井式进水口拦污栅一般结合水工建筑物的布置情况确定布置方式，倾斜布置时倾角一般为60°～70°，过水断面大，易于清污。塔式、坝式进水口一般平面直立布置，还有采用多边形布置。低水头电站进水口倾斜布置的拦污栅，若需设置清污机，可选用耙斗式或回转式清污机。

图2-12　湑水河城固县白果树水电站进水口前污物

图2-13　渭河宝鸡峡林家村水电站进水口前污物

2. 闸门

(1) 泄水闸门及启闭设备。泄水闸（孔）的工作闸门可选用弧形闸门、平面闸门或其他形式的闸门（阀），弧形闸门的支铰宜布置在过流时不受水流及漂浮物冲击的高程以上，采用弧形闸门时应择优选用止水结构和形式，采用平面闸门时还应选用合适的门槽形式，在泄水建筑物出口处采用锥形阀时应防止喷射水雾对附近建筑物的影响。对于低水头弧形闸门应保证其支臂动力稳定性。若多孔数的泄洪工作闸门需要在短时间内全部开启或均匀泄水时宜选用固定式启闭机操作，启闭机应采用双回路供电，经论证后也设置备用动力。

当库水位低于闸门底槛的连续时间能满足检修要求时可不设置检修闸门，对中低水头水电站，堰顶以上水头对发电量影响较大，则须设置检修门。当下游水位经常淹没底槛时应研究设置下游检修闸门的必要性。在设置检修闸门时，10孔以内可设1～2扇，超过10孔宜增加。检修闸门的形式可选用平面闸门、叠梁、浮式叠梁和浮箱等。

在泄水孔工作闸门的上游侧应设置事故闸门，对高水头长泄水孔还应研究在事故闸门前设置检修闸门的必要性。排沙孔闸门宜设置在进口段，且应采用上游面板和上游止水，门槽和水道边界宜光滑平整并选用抗磨材料加以防护，排沙孔工作闸门布置在出口处时除孔道应选用抗磨材料防护外，平时还宜将设在进口处的事故闸门关闭以挡沙。施工导流孔闸门及其门槽应满足施工期和初期发电的各种运行工况要求，经分析论证后导流孔闸门也可与永久性闸门共用。

(2) 引水发电系统闸门。当机组或压力输水管道要求闸门作事故保护时，坝后式电站进口和引水式电站压力管道进口应设快速闸门和检修闸门，对长引水道的引水式电站还宜在引水道进口设置事故闸门。贯流式机组当有可靠的防飞逸装置时，其进水口设置事故闸门和检修闸门，可不设置快速闸门。

快速闸门的关闭时间应满足对机组或压力管道的保护要求（其下降速度在接近底槛时不宜大于 5m/min），快速闸门启闭机应能就地操作和远方操作，并采用双回路供电的操作电源和开度指示控制器。坝后式和河床式水电站的进水口检修闸门 4 台机组以内可设置一扇（4 台机组以上可增加），宜选用移动式启闭机，在枢纽布置允许时，可与泄水系统检修闸门共用启闭机。调压室中的闸门应研究涌浪对闸门停放和运行的影响。

尾水检修闸门宜采用平面滑动闸门或叠梁闸门，闸门数量应根据孔口数量、机组安装和调试、施工条件等因素并经技术经济比较后确定（4 台机组以内时尾水检修闸门可设置 1～2 扇），其启闭设备宜选用移动式启闭机。

快速闸门、事故闸门和检修闸门均应设置平压设施（若采用充水阀平压，则其操作应和闸门启闭机联动，并应在启闭机上设置小开度的行程开关）。两道闸门之间或闸门与拦污栅之间的最小净距应满足门槽混凝土强度与抗渗、启闭机布置与运行、闸门安装与维修和水力学条件的要求，且不宜小于 1.5m。露顶式工作闸门顶部应有 0.3～0.5m 的超高值，该超高不得作为水库调蓄或超蓄之用。闸门不得承受冰的静压力，防止冰静压力的措施应根据当地气温、日照及水库（前池）水位变幅等条件分别选用潜水电泵、压缩空气泡、开凿冰沟或其他保温方法。

（3）启闭设备。闸门的启闭设备应根据闸门型式、尺寸、孔数及操作运行要求等条件通过技术经济比较分别选用螺杆式、固定卷扬式、台车式、门式或液压式启闭机（其主要技术参数符合国家现行启闭机系列标准）。根据闸门、拦污栅和启闭机的正常运行和维修要求，设置启闭机室、保护罩、检修室或检修平台、门库或存放槽等设施。小水电站闸门、拦污栅及其附属设备应根据水质、运行条件、设置部位和结构型式采取防腐蚀措施。

2.6　工程管理设计

工程管理设计是工程建设向运行管理过渡的重要环节，但一些设计单位对本章节内容未引起足够重视。如大坝不设计管理用房；又如全省小水电站普遍不重视管理和保护范围的划定等工作，后期未申请确权划界，不利于工程的规范管理。还有的未就安全监测提出具体要求，使施工期、初始值、蓄水初期观测工作达不到规程要求。

2.6.1　管理设施

对大坝与厂房距离较远的引水式、混合式水电站，应按规定建设水库安全管理用房等设施，为运行管理人员创造良好的工作环境。按照有利于生产、方便管理、经济适用的原则确定各类生产、生活设施的建设项目、规模和建筑标准，应通过总体规划和建筑布局确定生产、生活面积和环境绿化美化设施，尤其是位于城郊和风景名胜区的电站，其生产、生活设施应开展景观设计，与周围环境相协调。

2.6.2　管理机构

应根据国家现行有关规定和业主要求确定管理机构的体制、机构设置和人员编制，机构设置和人员编制应贯彻“精简、统一、效能”的原则，管理机构宜在就近城镇选址。小水电站，尤其是新建的民营水电站，装机大小对管理人员人数影响不大，运行管理人员一般在10人以内。

水电站的管理普遍存在重机电轻水工的现象，应该重视大坝等水工建筑物安全管理，设置水工管理机构，有相应资质的管理人员，可以参照水库管理要求，中小型水电站至少应设置技术管理类、运行维护类、观测类、水文预报岗位等几大类岗位。运行维护类一般设运行负责岗位、闸门及启闭机运行岗位、电气设备运行岗位、通信设备运行岗位、防汛物资保管岗位；观测类一般设大坝安全监测岗位、水文观测与水质监测岗位。小水电站可根据实际情况，在确保安全运行的情况下灵活设置岗位，但必须保证工作有人负责。管理人员数量、费用对经济评价有重要影响。

2.6.3 管理及保护范围

工程管理范围是工程管理单位直接管理和使用的范围，包括工程区和生产、生活区（含后方基地）。水库工程管理范围内的土地应与工程占地和库区征地一并征用，并办理发证手续。小水电站工程管理范围包括大坝、输水道、溢洪道、电站厂房、开关站、输变电、码头、渔道、供水设施、专用通信及交通设施等各类建筑物周围和水库土地征用线以内的库区。工程的保护范围则是指为保证工程安全，在工程管理范围以外划定一定区域，在此区域内禁止一切危害工程安全的活动。一般在初步设计阶段根据《水库工程管理设计规范》（SL 106—2017）确定管理及保护范围。山丘区水库，应符合以下规定。

大型水库上游从坝轴线向上不少于150m（不含工程占地、库区征地重复部分），下游从坝脚线向下不少于200m。上、下游均与坝头管理范围端线相衔接；中型水库上游从坝轴线向上不少于100m（不含工程占地、库区征地重复部分），下游从坝脚线向下不少于150m，上、下游均与坝头管理范围端线相衔接；大坝两端以第一道分水岭为界或距坝端不少于200m；溢洪道（与水库坝体分离的）由工程两侧轮廓线向外不少于50～100m，消力池以下不少于100～200m。大型取值趋向上限，中型取值趋向下限；其他建筑物从工程外轮廓线向外不少于20～50m（规模大的取值趋向上限，规模小的取值趋向下限）。

小水电站应根据国家有关法规及地方管理有关条例结合当地自然地理条件、土地利用情况和工程的特点确定工程的管理范围和保护范围，小水电站工程管理范围应根据永久建筑物和设施的平面布置以及管理、运行设施和管理单位的生产、生活和文化福利设施的占地确定。工程保护范围应根据工程具体情况、安全运行要求结合当地条件按国家现行有关规定确定。管理范围内土地与工程占地一并征用。水电站向县级以上人民政府申请划定水电站管理范围和保护范围，设置界桩和公告牌。任何单位和个人不得擅自移动、损坏号桩和公告牌。

2.6.4 工程观测及监测设备维护要点及技术要求

安全监测包括人工的巡视检查及仪器设备的监测。设计阶段主要是结合工程等别，按照《混凝土坝安全监测技术规范》（DL/T 5178—2016）等规程规范确定监测项目、监测设备、监测精度、安装位置，确定工程观测及安全监测设备维护要点及技术要求，提出观测值预计及允许的变动范围，为后期运行奠定基础。

1. 确定监测项目及设备

常规监测项目有环境量（上下游水位、流量等荷载或工作条件）观测、变形观测（位移、伸缩缝、土石坝的固结等）、渗透观测（渗透流量、渗水化学分析、绕渗、混凝土闸坝基础扬压力等）、混凝土结构内部观测（应变、应力、渗压等）、水流观测（挑流、射流及水跃的高度、距离等）。水电站根据大坝工程等别按表2-2确定监测项目。

表2-2　　混凝土坝安全监测项目分类表

监测类别	监测项目	大坝级别			
		1	2	3	4
现场检查	坝体、坝基、坝肩近坝库岸	●	●	●	●
环境量	上、下游水位	●	●	●	●
	气温、降水量	●	●	●	●
	坝前水温	●	●	○	○
	气压	○	○	○	○
	冰冻	○	○	○	
	坝前淤积、下游冲淤	○	○	○	
变形	坝体表面位移	●	●	●	●
	坝体内部位移	●	●	●	○
	倾斜	●	○	○	
	接缝变化	●	●	○	○
	裂缝变化	●	●	●	○
	坝基位移	●	●	●	○
	近坝岸坡位移	●	●	○	○
	地下洞室变形	●	●	○	○
渗流	渗流量	●	●	●	●
	扬压力	●	●	●	●
	坝体渗透压力	○	○	○	○
	绕坝渗流	●	●	○	○
	近坝岸坡渗流	●	●	○	○
	地下洞室渗流	●	●	○	○
	水质分析	●	●	○	○
应力、应变及温度	应力	●	○		
	应变	●	●	○	
	混凝土温度	●	●	○	
	坝基温度	●	●	○	
	地震动加速度	○	○	○	

续表

监测类别	监测项目	大坝级别			
		1	2	3	4
应力、应变及温度	动水压力	○			
	水流流态、水面线	○	○		
	动水压力	○	○		
	流速、泄流量	○	○		
	空化空蚀、掺气、下游雾化	○	○		
	振动	○	○		
	消能及冲刷	○	○		

注 1. 有●者为必设项目，有○者为可选项目，可根据需要选择。
2. 坝高70m以下的1级坝，应力应变为可选项。

观测设施应先进、自动化程度高。

2. 划分监测阶段

（1）第一阶段。原则上从建立观测设备起至竣工移交管理单位止。坝体填筑进度快的，变形和应力观测的次数应取上限。若本阶段提前蓄水，测次需按第二阶段执行。

（2）第二阶段。从水库首次蓄水达到（或接近）正常蓄水位后再持续3年止。在上蓄过程中，测次应取上限；完成蓄水后的相对稳定期可取下限。若竣工后长期达不到正常蓄水位，则首次蓄水3年后可按第三阶段要求执行。但当水位超过前期运行水位时，仍需按第二阶段执行。

（3）第三阶段。指第二阶段之后的运行期。渗流、变形等性态变化速率大时，测次应取上限；性态趋于稳定时可取下限。若遇工程扩（改）建或提高水位运行，或经长期干库又重新蓄水时，需重新按第一、二阶段的要求执行。若因水库淤满、废弃、改变用途，或因多年运行性态稳定等，需减少测次、减少项目或停测时，应报上级部门批准。

3. 提出管理要求

（1）严格按照规程规范进行巡查检查。应明确日常对主（副）坝、溢洪道、输水洞等建筑物及金属结构、启闭设施等巡查、检查路线及各重点部位。按《混凝土坝安全监测规程》等有关规程进行巡查检查。每月检查不少于两次（相邻两次检查时间不小于10d）。年度巡视检查应在汛前、汛后各检查一次（闸门机电设备要求进行试车）；在高水位、水位突变、地震等特殊情况下应增加次数，必要时应组织专人对可能出现的险情部位进行连续监视。汛期坚守岗位，加强重点巡查，做好记录；发现险情，立即采取抢护措施，并及时报告。工程各部位检查内容齐全，检查记录规范，有初步分析及处理意见。

（2）监测要求。定期对大坝安全监测系统及仪器进行检查、维护和率定，观测设备符合规范及设计要求，设备完好率达到规范要求。明确观测项目、测次（表2-3）、时间、频率、精度应满足规范要求；高水位或异常等情况时加测。规定大洪水、高蓄水位、库水位骤涨骤落、大暴风雨、地震等特殊条件下的巡视检查重点部位、监测频次和方法，并严格执行。观测有专门记录，观测资料内容齐全，符合规范要求。

表 2-3 混凝土坝安全监测项目测次表

监测类别	监测项目	施工期	首次蓄水期	运行期
现场检查	日常检查	2次/周～1次/周	1次/天～3次/周	3次/月～1次/月
环境量	上、下游水位	2次/天～1次/天	4次/天～2次/天	2次/天～1次/天
	气温、降水量	逐日量	逐日量	逐日量
	坝前水温	1次/周～1次/月	1次/天～1次/周	1次/周～2次/月
	气压	1次/周～1次/月	1次/周～1次/周	1次/周～1次/月
	冰冻	按需要	按需要	按需要
	坝前淤积、下游冲淤		按需要	按需要
变形	坝体表面位移	1次/周～1次/月	1次/天～2次/周	2次/月～1次/月
	坝体内部位移	2次/周～1次/周	1次/天～2次/周	1次/周～1次/月
	倾斜	2次/周～1次/周	1次/天～2次/周	1次/周～1次/月
	接缝变化	2次/周～1次/周	1次/天～2次/周	1次/周～1次/月
	裂缝变化	2次/周～1次/周	1次/天～2次/周	1次/周～1次/月
	坝基位移	2次/周～1次/周	1次/天～2次/周	1次/周～1次/月
	近坝岸坡变形	2次/月～1次/月	2次/周～1次/周	1次/月～4次/年
	地下洞室变形	2次/月～1次/月	2次/周～1次/周	1次/月～4次/年
渗流	渗流量	2次/周～1次/周	1次/天	1次/周～2次/月
	扬压力	2次/周～1次/周	1次/天	1次/周～2次/月
	坝体渗透压力	2次/周～1次/周	1次/天	1次/周～2次/月
	绕坝渗流	1次/周～1次/月	1次/天～1次/周	1次/月～1次/月
	近坝岸坡渗流	2次/月～1次/月	1次/天～1次/周	1次/月～4次/年
	地下洞室渗流	2次/月～1次/月	1次/天～1次/周	1次/月～4次/年
	水质分析	1次/月～1次/季	2次/月～1次/月	2次/年～1次/年
应力、应变及温度	应力	1次/周～1次/月	1次/天～1次/周	2次/月～1次/季
	应变	1次/周～1次/月	1次/天～1次/周	2次/月～1次/季
	混凝土温度	1次/周～1次/月	1次/天～1次/周	2次/月～1次/季
	坝基温度	1次/周～1次/月	1次/天～1次/周	2次/月～1次/季
	地震动加速度	按需要	按需要	按需要
	动水压力		按需要	按需要
	水流流态、水面线		按需要	按需要
	动水压力		按需要	按需要
	流速、泄流量		按需要	按需要
	空化空蚀、掺气、下游雾化		按需要	按需要
	振动		按需要	按需要
	消能及冲刷		按需要	按需要

注 1. 表中测次，均系正常情况下人工测读的最低要求，特殊时期（如发生大洪水、地震等），增加测次。监测自动化可根据需要，适当加密测次。
2. 在施工期，坝体浇筑进度快的，变形和应力监测的次数取上限。在首次蓄水期，库水位上升快的，测次取上限。在初蓄期，开始测次取上限。在运行期，当变形、性态趋于稳定时取下限渗流等性态变化速度大时，测次取上限，性态趋于稳定时取下限；当多年运行性态稳定时，可减少监测项目或停测，但应报主管部门批准；当水位超过前期运行水位时，按首次蓄水执行。
3. 现场检查的次数按3.1.3条执行。

按规范要求对观测资料进行整理、整编和分析，有初步分析意见，并用于指导水工管理。监测成果按规程及时进行分析，分析结果有正常状态、异常状态、险情状态。异常状态、险情状态时需要分析上报。

第3章　小型水电站设计及建设专题

3.1　多泥沙河流水电站设计与运行专题

河流在自然条件下，冲淤平衡。建库蓄水后，水深增加，流速减缓，挟沙能力下降，从而出现泥沙淤积问题。在多沙河流上建坝，运行初期总是入库泥沙多于下泄泥沙，水库逐渐淤积，从库尾开始，逐步向坝前推进，经过若干年后，达到冲淤平衡后就不再淤积。这一段历时之长短取决于河流的输沙量、水库条件和运行方式。上游水库、梯级电站的建设削减了河段来水洪峰，控制了流量过程，调平了泥沙淤积，改变了来水来沙条件。

3.1.1　陕西省河流泥沙概况

陕西省河流泥沙分布呈明显的地域特征，关中、陕北地处黄河流域，河流多为多泥沙河流，尤以泾河、洛河、渭河最为显著，泥沙含量大，泥沙颗粒粗，石英棱角明显。依据泾河张家山水文站1932—2004年73年实测悬移质输沙量资料，泾河实测多年平均输沙量2.73亿t，多年平均含沙量150kg/m^3，实测最大含沙量达1430kg/m^3。多年平均输沙量占黄河的1/6。泾河主汛期（7—9月）日平均流量小于等于300m^3/s的来水量约占主汛期来水量的60%，来沙量约占主汛期输沙量的65%；陕北无定河多年平均经流量15.3亿m^3，下游川口站多年平均输沙量为1.71亿t。陕南地区地处长江流域，河流泥沙含量低。但西汉水、嘉陵江泥沙含量高。嘉陵江巨亭水电站坝址悬移质多年平均输沙量为2464万t，推悬比按0.05估算，推移质多年平均输沙量129万t。

3.1.2　多泥沙对小型水电站工程带来的问题

1. 泥沙对枢纽建筑物的影响

（1）在坝前淤积，威胁进水口安全运行。由于泥沙含量大，常常影响到整个工程的布置及结构设计。引水式电站存在杂物多、泥沙含量大等问题，如果进水口位置选择不当，坝前没有防沙设施或防沙排沙措施不力，可能造成坝前进水口泥沙淤积（图3-1、图3-2）。

（2）使有效库容减少。如果水库条件和运行方式不利，淤积期可能较短，能保留的有效库容可能不多，水库的调节作用将削弱甚至丧失，但抬高水位的功能仍在。最终造成水库库容减少，效益大大降低。褒河汉中石门水库总库容1.098亿m^3，有效库容0.607亿m^3，经过近40年运行，有效库容已被淤积损失0.4亿m^3。西汉水略阳葫芦头水电站总库容0.18亿m^3，调节库容0.13亿m^3，运行15年，淤积已达泄洪表孔溢流堰顶，调节库容大部分丧失，仅有有限槽库容。

（3）库尾淤积，造成翘尾巴，可能会抬高上游电站尾水，并增大防洪压力。

图 3-1 泾河泾阳县文泾水电站坝前淤积

图 3-2 渭河林家村泾水电站进水口前淤积

(4) 隧洞及前池淤积。前池中的淤沙少部分来源于水中的推移质，大部分来源于水中的悬移质，这是因为引水渠道的水流在前池中扩散，流速降低，所携带的大部分悬移质泥沙在前池中沉积下来。前池中泥沙淤积到一定的高度后，对电站的正常运行产生两个方面影响。一方面，前池淤积会改变水流流态，改变了水流进入压力管道的条件，使得水流不能平顺地进入，导致压力管道的振动加剧；另一方面，部分淤沙又被水流携带进入压力管道，对水轮机叶片造成磨损，导致水轮机产生空蚀，加剧水流的脉动，而水流的脉动又加剧了管道的振动。泾河泾阳县文泾水电站引水隧洞长 10km，曾发生引水隧洞被严重淤堵的情况，不得不打开已封堵的施工支洞进行排沙、冲沙。

图 3-3 渭河陈仓区鸡冠岩水电站前池拦污栅

(5) 对金属结构、门槽等的影响。高含沙的高速水流对压力管道、闸门厚度、止水布置等均有影响。布置在多泥沙河流中的闸门和埋件受到泥沙冲蚀的影响，壁厚减薄，如宝鸡峡韦水倒虹钢管原设计壁厚为 12mm，运行一两年后，壁厚减少 1/3。推移质堵塞拦污栅，影响发电。堵塞时形成水头差，不但增加了水头损失，还经常会压坏拦污栅。污物与泥沙搅混在一起，成为悬浮物，不漂浮于水面，使拦污栅清污很困难，且容易堵塞栅体，导致事故发生（图 3-3）。

(6) 尾水淤积。由于尾水处泥沙淤积，造成下游水位抬高，使得电站的发电水头降低，导致机组的运行工况偏离最优工况，而减少出力。

2. 泥沙对机组的影响

大量泥沙过机，将严重磨损水轮机，使机组效率降低 2%～5%、检修周期缩短、检修时间加长、检修费用加大。泾河泾阳县某水电站机组启动试运行时，由于初期运行对泾河泥沙问题认识不足，在泾河一场小洪水期间进行机组试运行，在短短的几十个小时内造成水轮机的顶盖、导水机构、蝶阀、转轮等过水流道全部磨蚀报废，造成重大经济损失。经过改造，并针对泾河多泥沙的特征，采取了一系列的避沙峰措施，从而增加了水轮机的抗磨蚀能力。

不同类型的水轮机磨损部位不完全一样。混流式水轮机，磨损部位主要有叶片、上冠、下环内表面、抗磨板、止漏环、导叶和尾水管里衬；轴流式水轮机，磨损部位主要有叶片、转轮室、轮毂、顶盖、底环、导叶和尾水管里衬；冲击式水轮机，主要磨损部位是水斗、针阀和喷嘴。泥沙对水轮机的磨损程度，除了与沙粒特性（即沙粒的几何形状、大小、硬度、密度等）、含沙水流特性（指水流含沙的浓度、水流速度、水流方向和冲击角等）和受磨材料特性（指水轮机过流部件金属材料的内部组织、粗糙度、表面尺寸等）有关外，还与运行方式有关。当水轮机在非设计工况下运行时，产生汽蚀会加大磨损，引起汽蚀和磨损对机件的联合作用。

（1）转轮严重磨蚀。水轮机设计选型，通常是根据理想状况下水流动能定理和汽蚀特性计算结果确定基本参数，然后参照水轮机型谱系列图，结合经济性能关系等因素论证选择合适的机型和方案。由于动能定理和汽蚀特性是建立在清水流体（理想流体）力学理论基础之上，而工程实际面临的是有一定含沙量的浑水流体（二相流体），浑水状态下的动能定理、汽蚀特性以及相关的速度场和压力场与实验室的理想状态有一定差别，导致水轮机设计选型结果与工程实际不相吻合，并由此进一步影响水轮机运行工况和抗汽蚀性能。在多泥沙河流中易产生空蚀、磨损联合作用而产生严重破坏，造成机组效率下降、出力减少以致无法运行。转轮破坏形成鱼鳞坑，叶片背面呈海绵状蜂窝麻面，叶片厚度变薄，出水边呈锯齿状破坏，叶片变型，直至转轮报废。机组转速越高，流速越大，机组过流部件的磨蚀破坏越严重。如果在水电站设计之初，根据含沙水流实际情况采取相关措施（包括材质选择、加工工艺、运行工况要求等），科学合理地选择水轮机基本参数，即可有效减缓上述情况的发生。

（2）泥沙磨蚀使水轮机迷宫间隙增大，容积效率降低。磨蚀不但使水轮机导水叶端面与上下抗磨板漏水严重，同时呈沟槽锯齿状立面磨损，使导水叶变薄、间隙增大，也导致了严重漏水，使水轮发电机组关机时间延长，甚至不能正常停机。水轮机主轴密封漏水，沿主轴喷向水轮机推力轴承，致使推力轴瓦进水，引起烧瓦事故。水轮机锥管、补气架、固定导叶等过流部件也有不同程度鱼鳞坑状磨损（图3-4）。

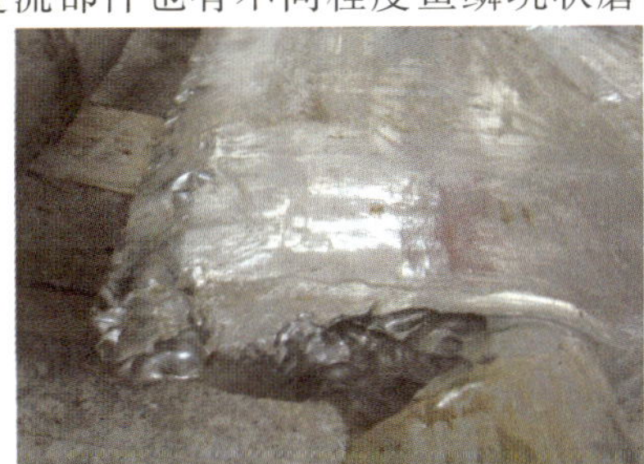

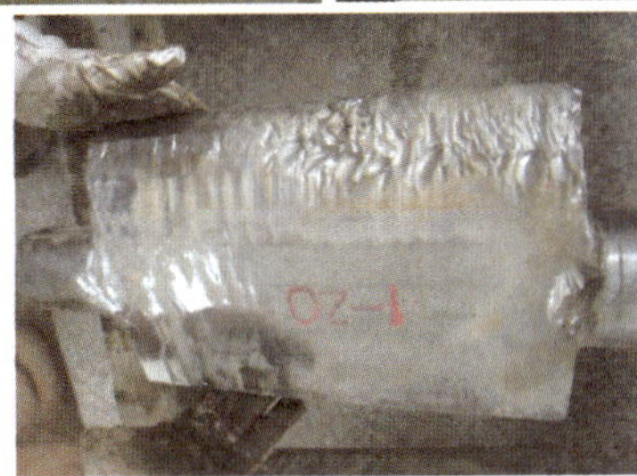

图3-4　水电站设备磨蚀汽蚀

（3）发生顶盖穿孔故障。严重磨损可以使水轮机顶盖磨损得近乎穿孔，难以用常规方法修复，如不及时处理，将会发展成水淹厂房的严重事故。

（4）对辅助系统的影响。泥沙淤积还会造成厂房管路系统堵塞，进而会造成厂房内的水力量测系统失灵，冷却器失效，影响机组的正常运行。因尾水含沙量大，冷却器外壁积泥将影响冷却效率，须进一步优化冷却器及其进出水管路布置，落实可行的清淤措施。排水系统设计时也应根据河水多泥沙的特点，在排水泵选型、材质要求和排水管（沟、廊道）防淤堵、冲排泥、集水井冲淤清淤等方面采取相应措施。

3. 泥沙对发电效益的影响

汛期水量占全年60%以上，泥沙含量高时不能运行，即使降低水位排沙运行，也会直接造成电量损失。磨蚀破坏造成运行成本增加。轮机磨蚀破坏除了使电站发电量下降、安全性能降低外，还增加电站检修工作量，使检修次数增加、检修时间延长，缩短了检修周期，使电站运行维护成本增加，电站经济效益下降。

4. 泥沙淤积对生态的影响

泥沙淤积改变原有水文情势，不断沉积的泥沙降低了生物栖息地的品质，使一些动物产生了从水栖到岸栖的变异。泥沙沉积，清水下泄，清水挟沙能力增加，加大下游冲刷。

3.1.3 多泥沙河流水电站设计中需重视的问题

在多泥沙河流上，都不同程度地存在着泥沙（Sediment）问题。常用导（将泥沙导离进水口）、拦（将泥沙阻拦在进水口前缘）、排（将进水口前的泥沙排往下游）、沉（将越过进水口的泥沙沉淀在沉沙池内）和冲（将沉沙池内的泥沙冲往下游）等方式防止进水口被淤积，减少过机泥沙含量。运行中，要按照设计的泥沙分界流量、排沙运行水位等进行控制运用，确保进水口“门前清”的要求，尽量减少过机泥沙。

1. 合理选择坝址及枢纽方案

一般情况下，将进水口设在弯道凹岸，当必须设在凸岸时，一般设在凸岸中点偏上游处。尽量采用闸坝方案，闸底尽量接近河床高程，降低淤积基准面。在流量增长较快、泥沙淤积不严重的河流上，可以采用翻板闸、橡胶坝等，但泥沙严重的河流不宜采用。有水电站采用的是翻板闸方案，初期运行正常，后因上游开矿造成泥沙含量增大，坝前淤积使翻板闸无法正常运行，必须靠人工外加力量开启。要考虑库尾翘尾淤积对上游电站防洪、正常发电的影响，一般按正常回水的1.3～1.5倍考虑。

进水口尽量靠近冲沙闸布置，进水口底板高程应高于冲沙闸底板高程，其高差不宜小于1.0m，多泥沙河流在1.5m以上。泾河文泾水电站泄洪冲沙洞布置在进水口正下方，高差21.7m，确保进水口不被淤堵。还有水电站将冲沙孔布置在机组中间，均起到较好冲沙效果。多泥沙河流上尽量采用坝式取水口，不但可提高冲沙效果，还可实现与泄洪闸、冲沙闸公用启闭设施，方便运行管理。考虑推移质及柴草的影响，进水口的淹没深度不能按清水河考虑，需要留有安全余地。近年来，陕西省设计了一些贯流式机组，灯泡贯流式机组一般安装高程较低，低于河床平均高程，低于泄洪闸、排沙闸底坎高程，为了防止泥沙进入机组，在进水口前设置拦沙坎等拦沙设施。

略阳县葫芦头水电站位于西汉水，西汉水是嘉陵江泥沙主要来源，葫芦头坝址多年平均输沙总量为1830.4万t，推移质输沙量为166.4万t。多年平均含沙量15.8kg/m^3。西汉水挡水建筑物为混凝土重力闸坝，最大坝高39m。正常蓄水位700.00m，死库容425万m^3，调节库容1269万m^3，为周调节水库。进水口与冲沙闸呈75°布置，高差3m，并变原自由溢流坝的设计方案为坝上加闸方案，正常蓄水位由695m提高到700m，降低堰顶高程，减少淤积，总装机容量由3×2.4MW提高到3×3.2MW，年均发电量由3800万kW·h提高到5003万kW·h。自2001年投运以来，堰顶以下调节库容基本丧失，通过泄洪闸、冲沙闸联合运用，保证进水口门前清，并保持一定槽库容（图3-5）。

图3-5　西汉水略阳县葫芦头水电站进水口及冲沙闸布置

厂房尽量不要布置在弯道凸岸一侧，尾水布置时尽量不与河道正交，防止尾水渠被淤积。坝后式还须在泄洪消能区与尾水区间设置导墙，以免造成冲坑堆积物淤积堵塞尾水，同时造成回流淘刷和泥沙淤积。坝顶高程计算应考虑泥沙淤积后对水位抬高的影响。

2. 隧洞及前池防淤措施

当河流含沙量较大时，会有少量的推移质和大量的悬移质泥沙进入渠道，这不仅造成渠道淤积，而且会使压力水管和水轮机的过流部件遭到严重的磨损，因此要科学设置冲沙洞、集石坑、沉砂池、冲沙孔等。一般当河流挟沙量超过0.5kg/m^{3}及进入水轮机的悬移质大粒径泥沙（指大于0.25mm的泥沙）量超过0.22kg/m^{3}时，则应考虑设置沉沙池。沉沙池的工作原理是加大水流的过水断面，减小水的流速，降低挟沙能力，使泥沙沉淀在池内，而将清水引入渠道。沉沙池应设在进水闸之后或其附近，以期尽早排除泥沙，将清水引入渠道或无压隧洞。沉沙池常用的型式有多室式沉沙池，各室定期轮换进行通水和冲洗泥沙。

3. 金属结构及压力钢管

排沙孔口一般要设置检修闸门或事故闸门，有压洞工作闸门在出口，平时用检修闸门挡水，防止泥沙淤积在洞内。闸门宜采用上游面板和上游止水，以防泥沙淤积在梁格内。压力管道设计必须考虑一定厚度富裕度。河流越到中下游，推移质会越多，因此要合理设计拦污栅及清污设施。

4. 机组设计

（1）比转速。从动能观点讲，对既定的水轮机尺寸，在相同水头条件下，提高比转速有利于提高水轮机的出力；从经济的观点讲，随着水轮机比转速的提高，在相同出力与水头条件下，选择高比转速有利于缩减机组（包括水轮机组和发电机组）尺寸，从而降低机组成本并节约厂房投资。近年来，随着水轮机制造业的发展，水轮机设计选型一般倾向于高比转速；但由于比转速与单位转速和单位流量之间存在正比关系，所以比转速的提高也必将导致水轮机流道中水流速度的相应加大，根据水轮机磨蚀与流道内相对流速高次方成正比可知，泥沙条件基本相同时，水轮机设计参数越高（比转速越高），水流速度越快，水轮机磨蚀破坏越严重，所以浑水流体条件下，应适当降低水轮机基本参数，这是不同于传统设计选型思想。在设计过程中充分考虑了多泥沙特点，对水轮机过流部件流速采取限制措施，能有效减少高速含沙水流对水轮机过流部件的磨蚀，大大提高机组的抗磨蚀强度和抗汽蚀性能。

（2）机组的抗磨蚀措施。针对多泥沙河流上运行的水轮机，既要改善其运行特性，又要采取抗泥沙磨损的综合治理措施，延长水轮机的使用寿命，只有全面考虑才能较好地达到先进性、合理性和经济性。

1）保留足够的汽蚀安全裕量。设计中应根据水轮机的过机含沙量，泥沙中值粒径 d_{50} 及泥沙矿物成分等条件，选用单位转速 n_{11} 相近或略低，单位流量 Q_{11} 适当减小，模型空化系数 σ_m 适当降低，模型效率 η_m 较高的新型转轮；并合理加大导水叶分布图相对直径 D_0，改进导水叶线型，降低和匀化导叶区流速；同时从结构设计工艺、材料和保护涂层等方面采取抗磨措施，以保证水轮机的安全运行，延长其使用寿命。

2）选取抗汽蚀、磨蚀材料，提高加工工艺要求。机组订货应根据泥沙特性，在过流部件结构及材质、工艺及抗磨蚀措施等方面应特别重视。材质选择与制造工艺对过流部件抗汽蚀、磨蚀性能有着很大影响。泾河茨坪水电站转轮采用了不锈钢材料，导叶采用钢整体铸造，转轮及导叶过流表面涂有以聚氨酯为基底、加入 TIN 或 Co－Ceran 高硬度微粒所组成的非金属材料耐磨层，转轮及导叶易磨损部位喷涂碳化钨/钴抗磨涂层；在设备制造方面，提高加工工艺标准，确保叶片型线精确度，并满足过流表面光洁度要求。通过提高材质要求、严格加工工艺等措施，水轮机过流部件不但具有足够的强度、刚度和良好的焊接性能，而且大大提高了抗汽蚀、磨蚀性能，延长了转轮使用寿命。除上述措施外，还采用过加装扰流板、加高尾水水位等抗磨蚀方法，以上措施解决局部磨蚀问题，不能彻底解决水轮机磨蚀问题，泾河、渭河、洛河等多泥沙河流上水电站机组检修周期远比陕南地区少泥沙河流上水电站要短。

5. 辅助系统

技术供水取水方式和闭式冷却系统供水方式，应考虑因尾水含沙量大，冷却器外壁积泥将影响冷却效率，进一步优化冷却器及其进出水管路布置，落实可行的清淤措施。排水系统设计时也应根据河水多泥沙的特点，在排水泵选型、材质要求和排水管（沟、廊道）防淤堵、冲排泥、集水井冲淤清淤等方面采取相应措施。油、气和水力监测系统设计，水力监测系统设备、管路布置、管径和测头等都应考虑防止泥沙淤堵的措施。

6. 科学运行

防止水轮机遭受沙粒磨损的最根本措施是拦截泥沙，使其不能进入水轮机流道，合理运行，每年第一次洪水时含沙量较大；沙峰晚于洪峰，运行时要避开沙峰；其次，采取异重流排沙、“蓄清排浑”运行方式，减少过机含沙量，减轻了泥沙对水轮机组的磨蚀破坏。

(1) 严格运行工况，避免低负荷运行。水轮机在设计工况下运行时，基本可以实现水流的无撞击入口和接近法向出口，脱离最优工况（水头过低或负荷过低）运行将加大水流冲角，产生脱流现象，改变压力分布情况并产生水流紊动，使机组产生较大的振动和噪声，恶化汽蚀性能，因空蚀和磨损联合作用加重泥沙磨损。所以，水轮机应避免在低负荷工况下运行。在实际运行中，通过认真处理好水调和电调的关系，努力做到机组的额定工况运行，防止低负荷运行的不利影响。对混流式水轮机，尽量不在50%以下负荷运行；对轴流转桨式水轮机，应避免在额定出力30%～40%以下负荷的工况运行。

(2) 对于在含沙水流中工作的水轮机，应避免用导叶截断水流，而采用水轮机前的主阀来截断水流，以防漏水射流使导叶磨损加剧，长期停机时，应关闭压力水管进水口闸门，以防泥沙堵塞阀轴间隙。运行中要定期清理沉沙池、拦石坑、前池泥沙等，减少过机泥沙含量。

(3) 掌握河流泥沙规律，合理避峰运行。一年中首场大洪水的沙峰常比洪峰出现早，以后则可能同时出现，也可能沙峰滞后于洪峰。泾河、洛河、渭河干流电站经过多年运行，掌握了水电站运行的流量限制范围，当来流量达到一定级别时必须停机避峰。

(4) 科学的运行方式不仅可减少水库淤积量，更重要的是，在达到冲淤平衡后水库仍能保持一定的有效库容。小水电站多以低坝自由溢流较多，很快被淤平，仅起到抬高水位的作用，但近年来水库电站迅速增多。库沙比大于30的可以不考虑淤积影响，库沙比小于30的电站，应根据水库形态、河流泥沙特性等因素，拟定排沙减淤的运行方式。可采取“蓄清排浑”、降低到排沙水位运行等方式，即在汛期流量和沙量较大时，利用低高程的排沙泄洪孔洞尽量泄洪排沙，降低水位，增强排沙效果，到枯水期再把清水蓄起来，可以大大减少水库淤积量。

3.1.4 鸡冠岩水电站应对渭河泥沙柴草的几项措施

1. 工程概况

鸡冠岩水电站位于宝鸡市陈仓区胡店镇北星村的渭河干流，距宝鸡市45km，距下游宝鸡峡水利枢纽39km。鸡冠岩水电站工程主要任务为水力发电。建设运行单位为陕西深宝水电开发有限公司。工程于1996年开工建设，2003年12月31日竣工。

鸡冠岩水电站属径流引水式电站，坝址以上控制流域面积29411km^2，多年平均流量73.6m^3/s。设计水头15.5m，设计引水流量72.8m^3/s，总装机容量9MW（2×2.5MW+2×2MW），设计保证率75%，年设计发电量4986万kW·h，年利用小时数5540h。工程为Ⅴ等小（2）型工程，大坝按10年一遇洪水设计，50年一遇洪水校核，电站厂房按30年一遇洪水设计，50年一遇洪水校核，100年一遇洪水时不淹没厂房。工程抗震设防烈度为Ⅶ度。

工程主要由枢组工程、引水工程、电站厂房、送出工程和生活区等五部分组成。枢纽由拦河溢流坝、冲砂闸两部分组成。采用正向冲沙，侧向引水型式布置。拦河坝为浆砌石重力坝，坝长100m，最大坝高13m，坝顶高程705.0m。3孔冲砂闸位于大坝左侧，孔口尺寸4m×5.0m，闸底板高程697.0m，2孔进水闸冲砂闸与毗邻，近于90°布置，孔口尺寸3m×5.0m，底坎高程699.95m，进水闸前设有拦污栅。

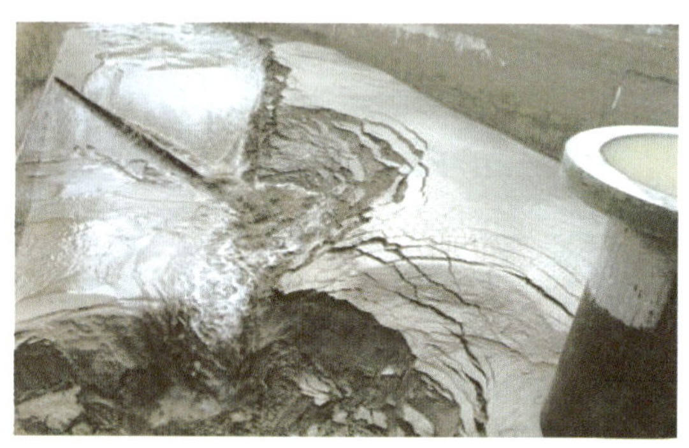

图3-6　前池淤积情况

引水隧洞为城门洞型，断面尺寸6m×6.7m，长588.0m。洞后通过长86.15m的引水明渠与前池衔接。溢流井位于前池中部，在2号机组与3号机组进水口之间的上游侧，溢流高程703.77m，溢流井与排沙闸共用一个出水口。排沙闸布置在前池左前侧，与机组进水口成90°。孔口尺寸为2.2m×2.2m，底坎高程为693.8m。

2. 泥沙问题

渭河汛期泥沙含量大，造成大坝、前池泥沙大量堆积，汛期河水中柴草、生活垃圾等杂物多，使电站正常运行更加困难。前池淤积情况如图3-6所示。同时，泥沙对机组水机部分磨蚀较严重，造成电站每年度检修工作量及费用增大。多年来，陕西深宝水电开发有限公司，进行了多项技术革新，采取了多项有效措施，将泥沙及柴草对发电的影响降到最低，充分利用有限的来水，保证了电站一直安全可靠地运行，使电站效益得到了最大程度地发挥。

（1）掌握泥沙淤积规律，做好及时排沙工作。汛期泥沙含量大，水中柴草杂物多，拦污栅易堵塞，排沙结合清理拦污栅进行。汛期泥沙含量大，水中柴草杂物多，拦污栅易堵塞，排沙结合人工清理拦污栅进行。做好捞柴草和冲沙的组织工作和安全措施，尽可能缩短捞柴草和冲沙的操作时间，减少停机损失。汛期过后，水中泥沙含量逐渐减少，但由于渭河来水量也随之逐渐减少，明渠及前池水的流速变小，特别是单台机运行时，泥沙容易沉淀淤积，有时泥沙的淤积甚至比汛期淤积更严重。因此，仍需掌握泥沙淤积的规律，做好定期排沙工作，以保证机组进水口进水流畅。图3-6所示为由于水流变缓泥沙已堆到前池的进水口。

（2）前池安装导流板，解决了前池泥沙堆积严重的问题。鸡冠岩水电站前池的排沙孔布置在前池的右侧，位于1号机组进水口旁，与4台机组的进水口成90°布置，在4号机进水口处形成死角，淤沙无法排除，严重时 4 号机的拦污栅被堵塞过半，而且泥沙和柴草裹在一起，被水挤压得很密实，很难清理，给电站运行带来很大影响。电站经过较长时间的摸索，最后采取了利用前池进水口一个坡降为 1∶5.88 的斜坡段，自制、安装导流墙将水流汇集引向死角及 4 号机组进水口进行冲沙、排沙的方案。经过多次对墙体的高度、长度、摆放位置、摆放角度等进行调整和改进，终于成功解决了死角及 4 号机进水口排沙的问题。图 3-7 所示为自制并安装的导流墙。导流墙由薄钢板和角钢等组焊而成，用膨胀螺栓固定在斜坡段上。墙体由上游至下游逐段加高。

冲沙过程与人工清理拦污栅柴草、垃圾同步进行，不另外占用时间。操作步骤是：根据 4 台机组拦污栅堵塞情况确定清理时间，由专人（一般为副站长）指挥先关闭进水口闸门，其中一孔门不关死，留少量水供冲沙用。然后依次停 4 台机组、开启排沙孔门排沙。水流经导流墙汇集后冲向死角及 4 号机进水口前堆积的泥沙，然后带着泥沙转弯经过机组进水口前的一个横向浅槽由排沙孔排出。与此同时，清理拦污栅人员开始清理拦污栅。此时的捞草机变成了升降机，清理人员乘捞草机自上而下进行清理，清理下的柴草、垃圾随排沙水流一起排走。一次排沙过程大约停机 1h，排沙和拦污栅清理工作基本同步完成。图 3-8所示为正在被冲的堆积在死角的积沙。

图 3-7　前池导流墙

图 3-8　前池冲沙情况

3. 磨蚀问题

(1) 科学组织检修。坚持每年的 12 月到次年的 4 月对电站 4 台机组进行全面检修，所以全部机组都处于完好状态，机组效率没有明显的下降。同时由于检修措施得当，极大地延长了转轮的更换周期。鸡冠岩水电站水轮机叶片的材质为 0Cr13Ni4Mn，为了便于施工，保证检修质量，公司特意为电站检修班配备了等离子切割机和直流弧焊机。初期，还聘请专业技工对重要部位的焊接进行指导。检修前对 4 台机组进行全面的检查、拍照，根据磨蚀情况确定检修规模，制定详细的检修方案，包括具体的检修项目、检修时间安排、检修的地点（转轮室内还是吊出）、材料计划、资金计划及人力调配等。

(2) 重点检修水轮机的转轮叶片和转轮室里衬。转轮叶片采用对接焊和堆焊相结合的方案。对于转轮叶片出水边外侧磨蚀严重的三角形区域采取割掉受损严重部分，用同材质、同形状不锈钢板对接的方式焊接。切割前根据转轮 4 个叶片的磨蚀情况统一确定切割的大小，4 个叶片切割的大小相同，先做好模板，再用模板在 4 个叶片上划好线，核对无误后再用等离子切割机进行切割。用同一模板下好要补上去的不锈钢板料。对接时要注意

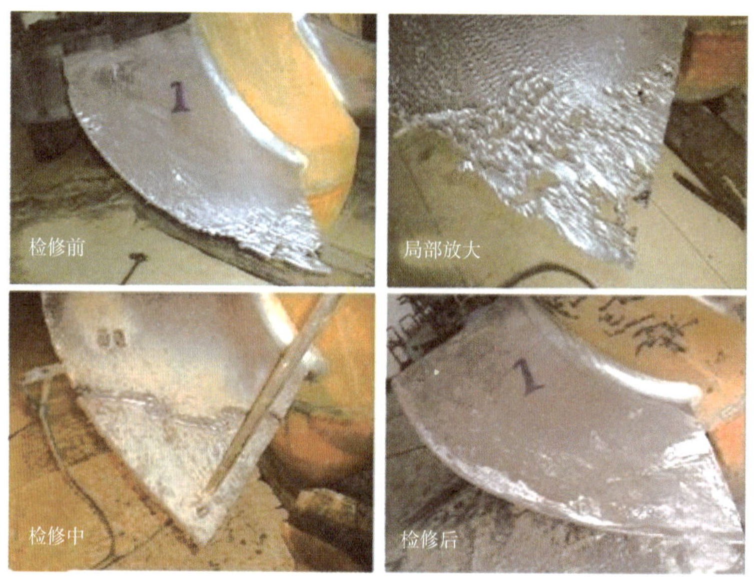

图 3-9　转轮修补情况

叶片叶面平整，4 个叶片对称。焊接时采取对称分段焊接，控制好焊接变形。对于叶片上磨蚀的坑、孔、沟槽及外边缘则采取堆焊的方式补焊。全部焊完后，进行仔细打磨，最后进行转轮尺寸校核、验收。图 3-9 所示为检修前后的转轮叶片。

转轮室里衬根据磨损程度分别采取用瓦片形弧板替换或贴焊的方式补修。对已磨穿和已磨得很薄的部分采取替换的方式。将已磨薄的部分用电弧起刨的方式刨掉，然后用厚度及内弧弧度与原转轮室里衬相同的瓦片形弧板焊，在已裸露的由原转轮室里衬环型及竖型加固筋板形成的弧形栅格上。弧板下料时，4 个边要和栅格的筋板对齐以便焊接。一块弧板盖住多个栅格时，在掩盖部分相应筋板位置开设适当的长型孔，进行加固焊接。贴焊的方式与替换的方式类似，只是要选择好板材的厚度，焊接部位仍在加固筋板位置。图 3-10 所示为检修前后的转轮室。

瓦片形弧板从大型弧板上切割。大型弧板是检修前提前准备好的，选择检修常用的几种规格的钢板，外协卷制成与转轮室里衬内径相同的圆筒，切割成大片运回待用。

转轮室里衬与锥管之间用塞焊的方式补修。所有焊接工作完成后进行仔细打磨，然后进行尺寸核对和质量验收。弧板后被水冲蚀的空洞用水泥沙浆或防水堵料填实。重点做好与水轮机效率密切相关的水轮机叶片叶形的控制以及转轮与转轮室配合间隙的控制。

3.2 绿色水电建设技术专题

"绿色水电"是指通过有效的规划、设计、建设和运行管理措施，将水电工程对生态环境的负面影响降至最低程度，使河流生态系统的结构和功能处于良好状态，达到相应技术要求的水电站，称为绿色水电。

早期建设的水电站，当时设计理念、技术条件、经济条件均以资源充分利用为目标，社会普遍缺乏生态意识，因此水电站在设计、建设、运行中对生态流量考虑不足，受技术

图 3-10　转轮室修补情况

及经济条件制约，又以引水式开发为主，导致下游河段出现减水甚至断流现象。随着社会资本大举进入小水电行业，河流开发程度迅速提高，梯级引水式电站造成河道减水脱流河段迅速增多，陕西省个别河流水电开发曾引起社会、媒体的关注。从 2006 年起，省水利厅先后下发了《关于农村水电站最小下泄流量有关问题的通知》（陕水电发〔2007〕6 号）、《关于加强水能资源开发管理　维护生态安全的通知》（陕水电发〔2010〕11 号），2014 年印发了《绿色水电建设指导意见》，明确了生态水下泄标准、工程措施、运行方式等要求。从水能资源管理、规划、设计、施工、验收、运行等方面采取技术措施，在工程开发方式、工程任务、水能计算、机组选型、工程布置、泄放措施、运行方式、经济评价等各环节，均考虑生态的要求。

3.2.1　资源管理

2009 年完成了全省小水电资源调查评价，后期根据需要进行动态评价。合理确定开发区域、开发程度，确定重点开发、限制开发和禁止开发的区域，秦岭海拔 2600m 以上、自然保护区、水生野生动物保护区、森林公园等区域禁止开发。根据生态需求，划定开发范围，剔除生态用水，科学动态评价可开发水能资源量。增强合同约束，在资源开发协议中要求必须明确投资者履行下泄生态流量，保证生态、灌溉、供水等社会责任和义务，明确违约罚则等措施。

3.2.2　中小河流水能资源开发规划

1. 优先规划开发的清单

（1）优先开发建设综合利用水利枢纽工程附属电站及利用原有水利工程功能改变或挖潜建设的水电站。

（2）优先规划梯级龙头水电站，提高水资源利用效率及流域开发整体效益。

（3）优先规划具有旅游、生态功能的水电站，实现水电站更多的社会功能。

（4）优先建设利于促进水系联通联控联调的水电项目。

（5）优先建设具有扶贫功能的水电站。

（6）优先建设能承担防洪、灌溉、供水等综合功能的水电站。

(7) 优先建设具有显著调蓄能力的水电站。

(8) 优先建设分布式发电的水电站。

(9) 优先建设坝式水电站。

(10) 优先建设能与风、光发电互补的水电站。

2. 规划确定的负面清单

(1) 对所有在依法划定的自然保护区、风景名胜区及确定的禁止开发区域以及濒临灭绝、珍稀、特有保护动植物的重要生态环境敏感区的河流，不再规划建设电站。

(2) 减少移民、淹没影响大的电站建设，原规划的此类电站调整开发方式。

(3) 尽量减少容量较小的长距离引水式水电站建设。

(4) 尽量减少缺水地区跨流域调水、多水源（枢纽）水电站建设。

(5) 减少水能资源开发权存在纠纷的水电站建设。

(6) 留足生态流量后开发价值不大的水电站不再建设。

(7) 对于不符合流域规划、安全隐患突出、改造潜力不大的老旧电站可以有序退出。

3.2.3 最小下泄流量的科学确定

最小下泄流量是指为满足维持区域河道的基本生态功能、群众生产生活及其他用水需求，需由水电站枢纽下泄的最小临界流量。包括河道生态基流、群众生产生活及其他用水需求。

最小下泄流量标准及确定原则。陕水电发〔2007〕6 号规定，生态基流一般不应小于坝址控制断面多年平均流量的 10%（当多年平均流量大于 $80m^3/s$ 时按 5%取用），但不能一刀切均按 10%执行，而使取值简单化，缺乏科学性。应根据地域差别、河流特性、生态功能及水生动植物保护要求，按照《建设项目水资源论证导则》及有关规程、规定，采用水文学法（Tennant、7Q10、10 年最枯月平均流量）、水力学法、栖息地评价法等不同方法科学分析论证。对有景观等要求的，可按最小水深控制。总之，无论按何种方法计算，生态基流坚持取大不取小的原则，不能低于断面多年平均流量的 10%，并随季节有所调整。既要满足最小生态需水量，也要满足敏感期最小生态需水量。既要满足量的要求，也要逐步满足自然水文过程的要求。坝址断面最小下泄流量与环境影响评价报告、水资源论证、河道治理等批复中确定的流量要求相协调，坚持取大不取小。不允许以区间支流作为坝址断面生态流量的一部分，而变相减少坝址应下泄的流量。在工程建设过程中，凡环保、水资源等部门确定了生态基流、生态流量的，均取其大值；区间生产、生活等用水需进行调查、预测，并由有关部门确认。

3.2.4 科学确定工程任务及开发方式

(1) 根据当地经济社会发展预测及规划，工程任务除水力发电外，可能的情况下适当承担供水、防洪等任务。利用水库形成的水面景观，因地制宜，适度建设亲水平台、野外露营地等，使之成为居民休闲的好去处。积极争取建设为水利风景区、湿地公园等，体现河流自然美学价值和文化功能。积极在防洪、灌溉、供水等方面发挥重大作用，努力提供公共服务项目。

(2) 对移民、淹没处理难度大的电站，调整开发方式，减少移民及淹没。减水引支入干（引干入支）、区间引水等多枢纽引水式开发。严禁下一级进水口紧接上一级尾水的开发方式，保留充足和必要的天然河段，防止“吃干用尽”式的开发。梯级之间合理进行水位衔接，减少水事纠纷。

(3) 动能计算、确定装机规模及电能指标，必须扣除最小下泄流量。经济评价按扣除后的电量进行，不经济则不建，不能为工程上马而牺牲生态流量。适当降低设计保证率，扩大装机规模，合理利用丰水期电能，降低枯水期发电所占比例。装机方案及机组选型应充分考虑枯水期扣除生态流量后的运行问题，调节能力较小的新建坝后（河床式）电站可以大小机结合，保证一台机组能常年运行。高坝可设计坝后生态流量小机组，有条件时可采用微型整装机组。褒河石门水库水电站为坝后式水电站（图 3-11），但考虑调蓄运行时，可能部分时段造成下游脱流，在坝后增设装机 1.6MW 机组一台，常年运行。坝河平利县古仙洞水电站、西水河卡房水库在坝后增设一台常年运行生态流量机组，确保了生态流量下泄。白土岭水电站设计了坝后生态机组。

图 3-11 石门水电站坝后设生态机组

(4) 梯级电站统筹考虑。梯级电站在规划、设计、施工上统一规划，综合利用。上下游电站防洪、导流、水能计算统一考虑，机组流量匹配。送出工程、临时工程、料场、施工道路、施工设备、管理设施统一考虑，实现节约投资，减少对环境的影响。

3.2.5 落实流量下泄的工程措施

(1) 生态流量泄（放）水设施的结构型式、尺寸规模应由有关设计单位遵循因地制宜、安全可靠、技术先进合理、经济适用的原则，参照有关规程、规范，计算分析后确定（图 3-12～图 3-14）。

(2) 低坝引水首选在大坝埋设无节制措施的放水管。坝后（河床式）电站可以设有节制措施的放水管，在机组检修、蓄水时下泄流量。设置鱼道的，鱼道可兼作生态放水设施。

(3) 工程设施应注意防止泥沙淤积，应设置于淤积高程以上，与进水口设置于同一侧，并尽量靠近冲沙设施。湑水河观音峡水电站大箭沟枢纽生态放水管被泥沙淤积，泄放受到影响。水头较高时，还应考虑泄水对下游岸坡冲刷、雾化等不利影响。西乡县左溪水电站生态放水管泄水时雾化严重，建议管理单位研究装设小机组。

(4) 要求放水设施在死水位条件下，下泄流量不小于要求的最小生态流量。

图 3-12　生态水泄放工程设施

图 3-13　已建成水电站冲沙闸设限位杆

图 3-14　已建成水电站冲沙闸设卡垫泄放生态水

3.2.6　优化技术方案、重视建筑物的景观设计

技术方案决定后，在经济合理情况下，如能用闸坝少用自由溢流坝，降低淤积基准面，尽量减少对河流形态的改变；能用竖井（斜井）少用明管，尽量减少开挖对山体及植被的破坏。隧洞弃渣要考虑作为建筑材料的重新利用，减少对河道影响。通过建设新型丁坝、人工浮岛、池塘、草坪、花圃及景观建筑等一定的工程及调度等非工程措施，进行河流生态修复，使之恢复到一种较为自然的状态。结合增效扩容改造等，努力建设花园式电站。

在满足适用、安全、经济的基础上，合理优化水工建筑物的布置和造型，并适当加以装饰设计，使其在景观上起到美化环境的作用，实现建一座电站添一处景观。

3.2.7 实行有利于生态保护的运行方式

在初步设计审查中明确水电站运行方式，当来流量小于最小下泄流量时，必须全部下泄不发电。对引支入干或引干入支多枢纽引水的水电站，在枯水期（11月至次年3月）次引水枢纽不引水或少引水。库容较大的水库电站初期蓄水应选择合理时机及方案，运行期应实行生态调度模式。针对陕西省多泥沙河流的实际，根据分界流量、造床流量确定运行方式，控制泥沙淤积，尽量减少水库末端淤积上延及对河势的改变。

渭河干流陕西省宝鸡峡引渭灌区建设有林家村渠首（装机8MW）、魏家堡（装机18.9MW）、杨凌（装机5.4MW）、绛帐（装机0.4MW）四座电站，总装机32.7MW，多年平均发电量1.5亿kW·h，收入5000多万元，水电是灌区重要的经济支撑。为了保障渭河宝鸡市段生态流量，按照“发5（个月）停7（个月）”的原则，调整魏家堡等三座水电站运行方式，使渭河宝鸡市段保证5m^3/s的生态流量。

3.2.8 加强流域梯级水电站协调

梯级水电站上下游及防洪、灌溉、发电缺乏统筹协调。水能资源开发面向社会后，电站建设的年代不同、开发的业主不同、行政区域不同、并入的电网不同，各自为政、一企一调度，缺乏沟通、联系和协调，流域水资源统一分配和上下游优化调度难以实现，也难免出现上游蓄水、下游断流的情况。为此，以横跨三市的湑水河（10座电站，其中小型水库7座，中型水库1座）为典型，形成了协作机制，强化梯级电站在规划建设、优化运行、安全生产、防汛抗旱等方面的协调作用，统筹解决生态流量、下游灌溉等问题，促进流域水资源统一管理。

3.2.9 加强水生野生动物保护

对有降河洄游鱼类可能通过水轮机的，要采取拦鱼措施尽量减少通过的概率，并采用对鱼类影响小的水轮机。开机或泄洪，先小流量示警，利于鱼类躲避。渐次关闸，防止鱼类被搁浅。在鱼类繁殖期，尽量根据鱼类生殖规律，采用有利于鱼类繁殖的调度运行方式。

3.2.10 监管的技术手段

目前，大部分电站实现了生态流量下泄视频图像监测，少量水电站安装了生态流量下泄流量计，可以实时监测下泄情况。将发挥目前新建水电站设备及技术较先进的优势，充分结合和利用当前的水利信息化平台、防汛非工程措施等，可以采取大坝生态流量影像或数据—光纤—厂房—租用公网—各级水行政主管部门的方式，逐步建立全省生态流量在线监测系统（图3-15），实现生态管理的信息化，将其作为省“现代水电”建设的重要内容。对今后新建电站，将生态流量监测系统与水情测报系统相结合，纳入主体工程设计之中。

图3-15　生态流量监测设施

第4章　小水电建设管理

4.1　小水电建设管理特点

4.1.1　违规水电站的清查整顿

“九五”期间，同全国其他省、市一样，陕西省也出现了“水电热”，由于职能、体制、地方招商引资等原因，各级水行政主管部门对水电的管理削弱，“四无”（无立项、无设计、无验收、无管理）电站在各地不同程度地存在。

为了保障陕西省农村水电站工程安全、防汛安全及人民群众生命财产安全，自2007年5月至2010年10月，陕西省水利厅组织开展了“四无”水电站的清查整顿工作，共清查整顿水电站293座，总装机453MW。其中未验收253座，初设未批已开工的40座、重大设计变更未报批3座。对运行多年的老电站在确保安全，不影响上下游利益，妥善解决了移民等问题的前提下，适当简化验收程序。对规模特别小的电站，采用组织专家组进行评估后验收的方法。对没有初设批复、蓄水验收但已安全运行多年的水库电站，进行了大坝安全鉴定后验收，如城固县狮坝、紫阳红椿、旬阳钟家坪、紫阳毛坝关等一批电站开展了大坝安全复核及鉴定工作；三眼桥、汤峪、泾惠渠首等40余座电站当初没有质量监督的，由电站委托有资质的检测单位补充进行质量检测后向质量监督部门申请进行质量核定；一些电站还补做了项目水资源论证、水保方案、环境影响评价等。尤其是验收工作得到了很大推动，一些运行多年仍未验收的电站完善了验收程序。清查整顿中对一些可能存在安全隐患的电站，如西乡县左溪水电站，以省防总名义下发了《关于尽快解决西乡县左溪水电站安全度汛问题的通知》（陕汛旱指〔2009〕23号），进一步排除了安全隐患。通过清查整顿，新开工项目核准手续完备，初步设计按要求报批，建设“四制”得到落实，阶段验收、竣工验收能按规程进行，整个建设管理基本规范，杜绝了“四无”电站的继续产生。全省小水电清查整顿工作得到了水利部肯定，在2010年召开的全国农村水电站清查整顿总结会上作了典型发言。

4.1.2　小水电建设的显著特点

民间资本是农村水电迅速发展的重要动力之一，对农村水电的发展功不可没，但投资主体的空前多元化、利益多元化、民营资本的逐利性与农村水电公益性、建设管理方面的矛盾日益突出，与其他水利工程建设管理有不同特点。建设单位是工程建设管理的主体和质量的总责任方，要严格按照国家基本建设程序组织开展水电工程建设。

（1）水能资源大部分无偿出让，进入的门槛低，项目法人大多为门外汉。电站的项目法人没有专业技术人员，不懂技术，喜欢蛮干，左右参建单位。国有水利项目对项目法人的组建有严格的要求，主要是对其专业技术人员的要求。业主懂水利或者聘请有专业人员的水电站与不懂的水电站有很大的差别，有的工程因为业主的蛮干造成了非常大的损失，一些项目违规仓促开工，接着停工，有的重新进行招商引资，有的是股东股权纠纷，业主变换频繁。有的贸然发电，造成了巨大的损失。

（2）水利工程实行的是审批制，2004 年开始小水电实行核准制。小水电项目国家投资占的比例较低，而且是业主先开工建设，国家后补助，因此资金管理不同于其他水利项目管理。水利工程招投标管理非常严格，而小水电目前仍处于无法监管的状态。部分业主一切以省钱为出发点，外地业主喜好用家乡队伍，对陕西政策要求不了解设计、施工、监理、验收均不规范。

（3）小水电行业主管部门与电站无行政、产权的隶属关系，处于松散管理状态，与其他水利工程管理差别巨大。由于小水电投资主体的空前多元化，电站不再是水利部门的下属单位，原有的管理模式失效，面对众多的不同类型的业主，部分地区管理部门没有从计划经济下那种既审批又建设的角色中转变过来，在缺少资金制约手段的情况下，不知道该怎样去管，新的管理模式尚未完全建立，基层水利部门普遍感叹“管不住”，对小水电的建设、安全监管带来了新的课题。

4.1.3 加强管理的呼声与简政放权的矛盾

近年来，一方面社会对小水电规范建设的要求更高，另一方面国家简政放权，实行权力清单制度，简化事前审查，突出事中、事后监督，小水电的核准、审批等程序出现了重大变化。陕西省将非跨市河流上 25MW 以下项目全部下放市一级；环保部门环评审批及水利部门的可行性研究报告防洪影响评价、水资源论证报告、水土保持方案、水工程规划同意书等审查意见不再作为核准的前置条件；防洪影响评价、水资源论证报告、水土保持方案等不再需要由有资质的单位来编写，水土保持验收、环保验收不作为行政许可；水利项目法人审批、开工报告制度取消。这些特点决定了小水电建设监管任重而道远。全省小水电开发率超过 50%，进入升级换代的时期，将有更高的要求，必须建设精品工程，加强建设管理势在必行。

4.2 小水电工程建设阶段

陕西省小水电工程目前建设阶段包括：可行性研究报告—初步设计—施工准备—建设实施—生产准备—竣工验收。一般情况下，可行性研究报告、初步设计称为前期工作。设计阶段可分为可行性研究、初步设计、招投标设计和施工图设计。

4.2.1 可行性研究

可行性研究报告是项目申请报告、水资源论证报告、环境影响评价、水土保持方案、防洪影响评价等报告编制的基础，是项目立项的重要依据。可行性研究阶段主要任务是论证工程规划符合性、必要性、可行性，说明工程任务及具体要求，提出工程规模，确定运行原则、运行方式、工程等级和设计标准，初选坝址、坝型、厂址，编制工程估算，说明主要经济指标和经济评价。

4.2.2 初步设计

初步设计是小水电建设的重要设计阶段，必须在核准后进行，经批准后作为安排年度施工计划、编制招标文件和进行施工图设计的依据。初步设计阶段主要任务是：说明工程任务及具体要求，复核工程规模，确定运行原则，明确运行方式；复核并确定水文成果；查明工程地质条件和工程地质问题；复核工程等级和设计标准，确定坝址、坝型、厂址，确定工程总体布置、主要建筑物型式和布置，提出主要工程量；编制设计概算，复核主要经济指标和经济评价。初步设计报告审批属于行政许可项目，应按管理权限报水行政主管部门审批。

4.2.3 招投标设计

招标设计是在批准的初步设计或加深的可行性研究报告的基础上，将确定的工程设计方案进一步具体化，详细定出总体布置和各建筑物的轮廓尺寸、标高、材料类型、工艺要求和技术要求等。其设计深度要求做到可以根据招标设计图较准确地计算出各种建筑材料如水泥、砂石料、木材、钢材等的规格、品种和数量，混凝土浇筑、土石方填筑和各类开挖、回填的工程量，各类机械、电气和永久设备的安装工程量等，以满足招标及签定合同的需要。

4.2.4 施工图设计

施工图设计是按初步设计或技术设计所确定的设计原则、结构方案和控制尺寸，完成对各建筑物进行结构和细部构造设计；最后确定地基处理方案，进行处理措施设计；确定施工总体布置及施工方法，编制施工进度计划和施工预算等；提出整个工程分项分部的施工、制造、安装详图。

4.3 小水电工程前期工作

4.3.1 前期工作主要内容

小水电建设在前期工作划分为核准（可行性研究）、初步设计批复、施工图设计等阶段。根据国务院《核准条例》及核准目录，核准要件包括项目申请报告、土地预审批复。初步设计批复、防洪影响评价批复、水土保持方案、水资源论证报告、水工程规划同意书、环评批复等，在项目开工前办理完毕。

4.3.2 小水电建设在前期工作方面存在的主要问题

（1）一些投资者由于对水电工程的特殊性重要性认识不足，地质工作不满足深度要求，前期工作达不到设计深度，仓促开工，往往事与愿违，有的是设计不合理，存在安全隐患，有的是方案不合理，造成很大浪费。

（2）设计一般不招标；存在挂名、借用设计资质的情况，报告签名与实际设计人员不符；一味节约投资，低价设计，正常需300万元的设计费，100万元以下都有人干；目前，设计单位良莠不齐，拼凑设计、出卖资质不在少数，小水电设计质量逐年下降；业主对设计干预过多，设计单位不坚持标准、规范，一味对业主言听计从。

4.3.3 注意事项

勘测设计成果对工程质量安全具有决定性影响，设计缺陷导致的质量问题往往带有整体性和难以处理的特点，对安全运行和方便管理带来很大隐患。要优选设计队伍，小水电项目的勘察、设计、咨询单位必须具有相应的水利水电勘测设计资质和业务范围，杜绝无证或越级进行勘察、设计。

勘测设计单位应严格执行有关规程规范和技术标准，确保质量管理体系的有效运行，加强产品质量过程控制，认真执行设计文件的校审、会审和批准制度；派驻现场的技术力量应满足工程需要，及时发现建设条件变化并进行研究反馈，及时解决建设过程中发现的有关问题。设计变更应充分论证，现场设计文件应按质量管理体系文件履行相关审签程序。对创新性成果的运用应进行充分研究论证和技术经济比较。

重视技术方案审查咨询，优化设计方案，节约投资。

4.4 开工准备

4.4.1 施工准备

小水电工程建设项目一经核准，项目法人即可开展施工准备工作。施工准备的主要内容包括：开展征地、拆迁；实施施工用水、用电、通信、进场道路和场地平整等工程；实施必需的生产、生活临时建筑工程；实施经批准的应急工程、试验工程等专项工程；组织招标设计、咨询、设备和物资采购等服务；组织相关监理招标；组织主体工程招标的准备工作等。

4.4.2 招投标

根据《中华人民共和国招投标法》，不论何种投资来源，凡涉及公共安全的水利、能源项目达到招标金额的必须招标，但小水电大部分未招标。施工单位存在借用资质的情况，一些项目业主盲目追求节省投资，将工程项目交给不具备相应资质的施工单位施工，施工质量难以控制。有几个电站，隧洞施工中有的欠挖，有的坡度控制不好，电站投运以后，输水能力达不到设计要求，发电达不到设计出力，被迫停产改造，造成很大损失。

1. 标段划分

有的工程甚至将一个大坝划分为几个标段，这样就无法保证质量。标段划分应以方便施工、简化施工临时设施、尽可能减少占地、节约投资为原则。标段划分过多，承包商过多将使施工临时用地、施工设施过多，交叉作业增多，反而影响工程建设。标段划分过细，将使标段之间相互衔接成为影响施工质量的薄弱环节，控制这些薄弱环节将增大管理成本，因此应尽量减少标段间衔接环节。有的电站大坝由五六个单位施工，大坝渗漏严重，廊道里水泥钙质大量析出，长此以往坝体稳定都要受到威胁。

2. 招标

使用国家资金的水电站项目，应按照国家有关规定，结合《水利工程建设项目招标投标管理规定》（水利部第 14 号令）开展公开招标工作。不使用国家资金的项目可以自主招标，可以公开招标，也可邀请招标。

水利水电工程施工总承包三级资质施工单位可以承揽小（1）型以下（坝高超过 40m，装机容量超过 200MW 的水电站除外）型水电站工程，水利水电工程施工总承包二级资质施工单位可以承揽中型以下水电站工程。应选择在工程建设单位信用信息平台上无不良记录、安全许可证在有效期内、安全生产标准化达标的企业。严禁转包和违法分包。

3. 监理

很多电站监理形同虚设，监理人员素质偏低，对自身职责不清，对技术问题把握不住。

4.4.3　质量监督

很多小水电工程开工前未及时办理质量监督手续，不能全程监督，有的甚至工程完工都未办理质量监督手续，导致工程无法正常验收。目前大部分县设立水利工程质量监督机构，根据工程规模、事权划分，在开工前及时办理质量监督手续。按规定组织开展建筑材料、工程质量检测，组织开展施工过程中的质量检验和验收。

4.4.4　开工条件

2013 年，水利部门已经取消水利工程开工审批。建设项目的初步设计文件已经批准，施工图满足施工需要，投资来源基本落实，主体工程的招标工作完成，工程承包合同已经签订，质量监督手续已经办理，水资源论证、环境影响评价、防洪影响评价、规划同意书、水土保持方案等获得主管部门批复后，即可开工建设。

4.4.5　总进度计划

应依据批准的项目初步设计报告、设计图纸、工期、施工组织设计和主要工程施工方案等技术经济资料编制项目总进度计划。总进度计划应突出主次关键工程、重要工程、技术复杂工程，明确准备工程起点时间和主体工程起点时间，明确截流、下闸蓄水、首台（批）机组发电和工程完工时间。对控制施工进程的重要工程，如导流工程、坝肩开挖、截流施工、主体工程开工、工程度汛、下闸蓄水等应具备的条件，要在施工进度编制文件中予以明确。

4.5　重大设计变更

2015 年 6 月 12 日，国务院发布了修订后的《建设工程勘察设计管理条例》，第二十八条规定：建设单位、施工单位、监理单位不得修改建设工程勘察、设计文件；确需修改建设工程勘察、设计文件的，应当由原建设工程勘察、设计单位修改。经原建设工程勘察、设计单位书面同意，建设单位也可以委托其他具有相应资质的建设工程勘察、设计单位修改。修改单位对修改的勘察、设计文件承担相应责任。第八条规定，建设工程勘察、设计文件内容需要作重大修改的，建设单位应当报经原审批机关批准后方可修改。工程设计变更应坚持“先论证、后审查（审核）、再实施”的原则，严格履行国家有关重大设计变更管理程序，对未按重大设计变更管理程序擅自进行变更的项目，将影响到工程验收。已经通过初步设计审批的小水电项目，任何单位或个人不得擅自变更建设规模和内容，但小水电工程普遍存在未经批准擅自对经批准的设计擅自作重大修改，批小建大，擅自更改坝址坝型，违规加高拦河坝或改变坝体结构等现象。某水电站建设中未经批准擅自将正常蓄水位提高 1m，致使库区国道桥梁在 100 年一遇洪水时桥下净空不够，该工程最终被迫投资 150 多万元进行改建，以降低洪水位和对桥梁的影响。

根据 2012 年 3 月水利部印发的《水利工程设计变更管理暂行办法》（水规计〔2012〕93 号），重大设计变更是指工程建设过程中，工程的建设规模、设计标准、总体布局、布置方案、主要建筑物结构形式、重要机电金属结构设备、重大技术问题的处理措施、施工组织设计等方面发生变化，对工程的质量、安全、工期、投资、效益产生重大影响的设计变更。其他设计变更为一般设计变更。由设计单位提出变更设计文件，项目法人按隶属关系报请原设计审批部门批准后方能实施。

4.6 施工安全

4.6.1 安全形势严峻

经对 2009—2015 年全国上报的水利生产安全事故进行分析，水利工程建设、农村水电是事故高发领域。水利工程建设领域发生死亡事故 80 起，占事故总起数的 64.00%；死亡 94 人，占死亡总人数的 50.81%。农村水电领域发生死亡事故 26 起，占事故总起数的 20.80%；死亡 56 人，占 30.27%。农村水电还是较大事故的高发领域，农村水电及其配套电网领域发生较大事故 12 起，占本领域事故总起数 26 起的 46.15%。因此，小水电建设的安全形势严峻。

4.6.2 存在的突出问题

小水电站施工单位存在借用资质的情况，因此现场施工单位的 A、B、C 三类人员（水利水电工程施工企业主要负责人、项目负责人和专职安全生产管理人员）不符合要求；作业现场管理混乱，分区、围挡、材料码放、公示标牌、警示标志、施工营地、安全用电、消防、防汛等管理不到位，相应的制度可操作性不强；国家标准、工程建设强制性条文、《水利水电工程土建施工安全技术规程》《水利水电工程土建施工通用安全技术规程》《水利水电工程土建施工作业人员安全操作规程》《水利水电工程施工安全管理导则》《水利水电工程施工安全防护设施技术规范》等执行不到位；对正确使用安全帽、安全绳等防护用品及交接班制度等有关作业行为不规范；对施工组织设计、危险性较大单项工程、专项施工方案的编制、审查、批准、执行等不到位；综合预案、专项预案、现场处置方案预案体系不完善。

4.6.3　小水电建设安全管理

（1）落实建设各方安全责任。“管生产必须管安全”“一岗双责”，项目法人要落实安全生产管理的主体责任；落实各参建单位安全责任，当发现安全管理工作严重失控，且施工或生产安全没有保证时，项目管理机构应该指令监理单位或直接指令承建单位停工或停产整顿，必要时可终止合同。

（2）保证安全生产投入。严格落实重点水利项目安全措施费用的提取和使用监督，切实保障施工企业必需的安全措施投入。

（3）严格执行国家标准、工程建设强制性条文、《水利水电工程土建施工安全技术规程》《水利水电工程土建施工通用安全技术规程》《水利水电工程土建施工作业人员安全操作规程》等规程规范，严格执行工程建设标准强制性条文。

（4）认真执行建设项目安全设施“三同时”工作的规定和要求，切实保证安全设施与主体工程同时设计、同时施工、同时投入生产使用。

（5）加强对危险性较大的工程安全生产专项施工方案实施监督，落实重点部位施工安全防范措施。切实减少一般事故，有效遏制较大事故，坚决杜绝重、特大事故发生。对高排架搭拆、竖井开挖、高边坡及洞室开挖作业、爆破作业、重大件吊装等高危作业专项安全技术措施或方案可以组织专家论证，并实施监理。

（6）加强设备设施管理，落实作业现场安全防护措施。按规定设立各种警示标志、标线。统一全工地的现场文明施工标准，包括施工厂区管理、现场施工环境管理、现场材料管理、风水管道管理、施工用电管理、施工道路及安全通道管理、施工排水及碴料管理、施工车辆及设备管理、混凝土及灌浆施工管理、金属结构及机电设备安装管理。

（7）进一步加强隐患排查治理和检查工作。建立重点水利工程安全隐患检查登记、整改销号制度，加强安全事故隐患排查整治，彻底消除事故源头。加强隐患排查治理的检查督查工作，做到横向到边、纵向到底、不留死角。隐患排查不得走过场，对检查督查中发现的问题，必须当场下达整改通知书。隐患整治必须做到整改责任、资金、时限、措施、应急预案“五落实”。

（8）加强安全教育培训。要在每年举办安全员和管护责任人技能培训的基础上，加强施工作业人员的安全教育培训，提高安全防范意识和技能，强化工程建设施工操作规程、规范，坚决禁止野蛮施工、违章作业。加强相关方、变更管理。

（9）进一步加强防洪度汛安全工作。结合工程建设实际，认真编制工程度汛方案和抢险预案，落实应急抢险资金、人员、物资、通信、交通工具，确保工程安全度汛。确保防汛值班到位。严格落实24h值班和巡查制度，做到无缝衔接，保证信息畅通。根据工程状况制定切实可靠的度汛方案、抢险应急预案，逐项落实相关措施。安排抢险资金，抓紧做好防汛物资储备工作，保证出险时供得上、运得去、用得上。要全面组织落实好防汛应急抢险专业队伍，加强人员培训，做好应对突发险情的准备，切实提高快速反应能力，确保紧急情况下调得出、赶得到、抢得住。

（10）完善应急救援体系。完善预案体系，并进行演练。

4.7 工程质量

突出工程验收与质量标准对工程施工质量的控制作用，质量评定的合格标准是工程参建各方都必须严格执行的强制性标准。只要按质量标准评定为合格，就可以认为工程施工质量满足了结构安全和使用功能方面的要求，是合格工程；否则为不合格工程，不能验收。在政府验收时，只有一个标准，就是合格，不再评定优良等级。

4.7.1 建立质量监督体系

（1）水电工程项目实行项目法人负责、监理单位控制、勘察设计单位和承建单位保证、政府监督相结合的质量管理体制，包括政府的质量监督体系，项目法人、项目管理机构与监理单位的质量控制（检查）体系，以及勘察设计单位、承建单位、材料与设备供应商的质量保证体系。贯彻落实国家和省工程质量管理有关规定，健全水电工程质量监督管理体系，落实工程质量责任终身制和参建各方主体责任，加强建设过程质量监督管理。根据水电工程项目特点，采用测量、试验检测、金属结构检测、安全监测等必要的质量检查、监督手段，对工程质量进行监督管理。

（2）完善质量监督检查机制。项目法人在建设项目开工前，按属地管理原则到相应水利水电工程质量监督机构办理工程质量监督手续，工程参建各方应自觉接受政府质量监督。项目法人、监理、设计、施工单位在建设期内，其质量保证体系和质量检查体系必须接受质量监督机构的监督，并认真执行质量监督机构提出的整改意见。工程建设合同对项目质量管理具有决定性作用，把项目质量目标分解和落实到各个工作层面，在勘察设计、监理、施工、设备与材料的采购环节明确质量要求或标准，使质量管理工作有据可依。

（3）各参建单位职责。各参建单位工作人员按各自职责对其经手的工程质量负终身责任。在项目实施阶段承建单位是形成工程实体质量的主体，要建立健全质量管理体系，制订质量管理体系文件，包括质量手册、程序文件、作业手册和操作规程；建立质量管理机构，落实质量管理责任；编制施工组织设计和施工方案（或施工质量计划）；确定过程质量控制点、质量检验标准和方法；按施工方案（或施工质量计划）实施过程控制，制订前后工序间的交接确认制度；建立进场材料、构配件和设备检验制度；建立质量记录资料制度；建立人员考核准入制度等。

1）施工单位。施工单位应在资质等级许可范围内承接工程，要建立健全并严格执行施工质量管理体系，规范施工过程质量管理。要按招投标文件和合同要求，及时配置施工资源；严格按设计文件和技术标准进行施工；规范对分包、协作队伍的管理，加强对作业人员的培训。认真落实“三检制”，加强质量控制和质量检查，对关键工序、重要部位和隐蔽工程要制定专门的质量保障和监督检查措施。严格质量检验，检验记录应真实、完整。

2）监理单位。施工质量控制是监理单位的主要工作之一，监理单位除应按监理合同和《水利工程施工监理规范》（SL 288）的要求制订监理质量管理体系外，其开展质量控制工作主要包括：检查承建单位质量管理体系，并监控其实施情况；核查承建单位资质、人力资源素质和人员结构；审查施工组织设计和施工方案（或施工质量计划）；组织进行设计交底；监控进场原材料、构配件和设备；跟踪监控关键质量点；处理工程变更；处理工程质量问题和质量事故；下达开工、停工和复工指令；进行材料配合比的质量控制；进行计量工作的质量控制；进行单元工程验收与质量评定等。

监理单位要建立健全并严格执行监理工作质量管理体系，要根据工程特点制定符合实际的工作方案和管理制度，保证现场人员、设备投入，确保对施工的关键部位、关键环节、关键工序监理到位。应按合同规定组织或参加施工质量评定和验收。个人和未取得水利水电工程建设监理资质的单位，不得承担小水电工程建设监理业务，监理企业应加强自身队伍建设，强化监理人员的质量意识、责任心，提高技术业务水平和现场管控能力。监理人员配置应满足工程现场需要，现场监理应熟悉工程建设情况，掌握现行的规程规范和技术要求；应严格按照监理实施文件开展工作，对重要部位、关键环节、隐蔽工程实施全过程质量管控；建设单位应加强对现场监理人员的从业资格核查和业务考核，及时清退不合格监理人员。监理单位发现质量问题和安全隐患，应书面督促施工单位立即整改，情节严重的，应要求其立即停工，并及时向建设单位和工程质量监督部门报告。

4.7.2 项目划分

水利水电项目按级划分为单位工程、分部工程、单元工程等三级。项目划分由监理单位提出，各方研究确定，报质量监督部门批准。

（1）单位工程项目划分原则。枢纽工程一般以每座独立的建筑物为一个单位工程；引水（渠道）工程，按招标标段或工程结构划分单位工程；厂房按招标标段划分单位工程。

（2）分部工程项目划分原则。枢纽工程，土建部分按设计的主要组成部分划分；金属结构及启闭机安装工程和机电设备安装工程按组合功能划分；引水（渠道）工程中的河（渠）道按施工部署或长度划分。大、中型建筑物按工程结构主要组成部分划分。同一单位工程中，各个分部工程的工程量（或投资）不宜相差太大，每个单位工程中的分部工程数目不宜少于5个。

（3）单元工程项目划分原则。按《水利建设工程单元工程施工质量验收评定标准》规定进行划分；河（渠）道开挖、填筑及衬砌单元工程划分界限宜设在变形缝或结构缝处，长度一般不大于100m。同一分部工程中各单元工程的工程量（或投资）不宜相差太大。《单元工程评定标准》中未涉及的单元工程可依据工程结构、施工部署或质量考核要求，按层、块、段进行划分。

4.7.3 充分重视工程建设中的质量“常见病”“通病”

当前小水电建设工程质量方面存在的突出问题是混凝土浇筑质量控制不严，且外观较差。多座水电站存在渗漏，水泥钙质析出等问题。重点解决后期养护不到位、大体积混凝土温控措施不落实、过流面平整度差以及混凝土浇筑错台、蜂窝麻面、仓面处理和凿毛随意等常见质量通病；高度重视止水材料的采购、制作、安装及其周边混凝土浇筑，确保止水效果；要着力解决钢筋机械连接件采购粗放管理，现场安装、检查不规范等普遍问题，保证钢筋连接质量。

4.7.4 对现场施工质量的过程监控

建设单位要逐步建立工程远程监控系统，对工程重要部位、隐蔽工程、关键工序和关键节点实施全过程在线监控，加强对现场施工质量的过程监控。参建各方应建立和落实影像留存制度，工程开工前需制定建设工程质量影像档案管理方案，明确影像留存内容和节点。特别是要对坝基、基础灌浆、防渗墙、重要试验等关键部位、隐蔽工程、关键工序和关键节点的实施及验收过程，以及质量问题和整改落实情况等进行摄录，影像记录应具有可追溯性。

4.8 工程验收

工程验收是对工程建设的总结和评价，被验收单位着重是对工程建设进行“总结”，主持验收单位主要是对工程进行“评价”。

小水电工程普遍存在不及时，甚至不进行阶段验收的现象，未经验收即投产发电，有些电站未经蓄水就发电，有的电站擅自进行机组启动验收，造成了重大损失。不能在投产后6个月至1年的规定时间内进行竣工验收，有的甚至运行十几年都未进行竣工验收，验收滞后、久拖未验的问题普遍存在，不及时竣工验收也导致工程安全标准化达标、大坝安全鉴定等工作无法顺利开展。

4.8.1 验收依据和分类

初步设计报告是国家对基建项目的最终批复文件，也是最具体、明确的控制性文件，是工程建设的主要依据，因此也是工程验收的主要依据，竣工验收原则上按经批准的初步设计所确定的标准和内容进行。

验收工作的依据还包括：国家现行有关法律、法规、规章和技术标准；有关主管部门的规定；经批准的设计文件及相应的工程变更文件；法人验收还应以施工合同为依据。

根据《水利水电工程验收规程》（SL 223—2008）、《小型水电站工程验收规程》（SL 169—2012），小水电工程验收按验收时段分为阶段验收和竣工验收，按验收主持单位性质分为法人验收和政府验收两类，法人验收是政府验收的基础。阶段验收分为工程截流验收、蓄水验收和机组启动验收。小水电工程验收工作按工程项目划分及验收流程可分为分部工程验收、单位工程验收、合同工程完工验收、阶段验收（含机组启动验收）、专项验收和竣工验收。工程竣工验收在建设征地移民安置、环境保护、水土保持、消防和工程档案等专项验收的基础上进行。

验收工作相互衔接，本次验收在前次验收的基础上进行，不重复进行。当验收条件不满足时，可以暂停验收。验收所需费用进入工程成本，由项目法人列支或按合同约定列支。

4.8.2 法人验收

在项目建设过程中由项目法人组织进行的验收为法人验收。法人验收包括分部工程验收、单位工程验收、中间机组启动验收、合同工程完工验收等。施工单位认为工程项目具备验收条件时，向项目法人提出验收申请。需质量监督机构核备或核定验收结论的，项目法人组织验收前应通知质量监督机构。法人验收由项目法人或监理单位组织参建单位代表组成验收工作组负责，验收工作由项目法人或监理单位的代表主持。

1. 分部工程验收

分部工程验收由项目法人（或委托监理单位）主持，项目法人、工程勘测、设计、监理、施工、主要设备制造（供应）商等单位代表组成验收工作组。工程运行管理单位可以根据工程项目管理的实际情况决定是否参加。工程质量监督项目站应当参加大型枢纽工程主要建筑物的分部工程验收会议。验收通过后形成分部工程验收鉴定书，并报送工程质量监督机构备案。

2. 单位工程验收

单位工程完工并具备验收条件时，施工单位应当向项目法人提出验收申请报告。单位工程验收由项目法人主持，验收工作组由项目法人、勘测（需要时）、设计、监理、施工、主要设备供应（制造）、工程运行管理等单位的代表组成。工程质量监督机构宜派员参加，但参加验收人员不在有关验收鉴定书上签字。必要时，可邀请上述单位以外的专家参加。当进行单位工程投入使用验收时，应邀请法人验收监督管理机关。项目法人应当在单位工程验收通过之日起10个工作日内，将验收的质量结论和相关资料报工程质量监督机构核定，工程质量监督机构将核定意见及时返回项目法人。

3. 合同工程完工验收

项目法人与施工单位签订的一份合同文件所包含的工程项目完工后进行的验收。每一个单项施工合同工程完成后，项目法人应当组织进行合同工程的完工验收。合同工程完工验收在分部工程或单位工程验收的基础上进行。合同工程完工验收由项目法人主持，验收工作组由项目法人以及与合同工程有关的监理、施工、设备供应（制造）单位的代表组成。

4. 中间机组启动验收

水电站中间机组及相应附属设备安装完成后投入运行前，应当进行机组启动验收。中间机组启动验收由项目法人主持，验收工作组由项目法人、设计、监理、施工、工程运行管理、主要设备供应（制造）等单位的代表以及上述单位以外的专家组成，当地电力（电网）部门参加。

4.8.3 政府验收

政府验收包括阶段验收、专项验收、竣工验收，由有关人民政府、水行政主管部门或者其他有关部门组织进行验收。项目法人（或项目代建机构，下同）应当组织完成按照国家及行业有关规定在验收前应当完成的技术鉴定、评估、检测等工作。

1. 专项验收

除工程本身验收外的水土保持工程验收、环境保护工程验收、征地补偿与移民安置验收、工程建设档案验收、消防设施验收等其他验收，是竣工验收的基础。根据最新管理规定水土保持工程、环境保护工程验收改为由建设单位自主验收。

2. 下闸蓄水阶段验收

根据《小型水电站建设工程验收规程》（SL 169—2012），小（1）型以上水库应进行下闸蓄水验收。水库下闸蓄水验收应具备的条件如下。

（1）挡水建筑物的形象面貌满足蓄水位的要求。

（2）蓄水淹没范围内的移民搬迁安置和库底清理已完成并通过验收。

（3）蓄水后需要投入使用的泄水建筑物已基本完成，具备过流条件。

（4）有关观测仪器、设备已按设计要求安装和调试，并已测得初始值和施工期观测值。

（5）蓄水后未完工程的建设计划和施工措施已落实。

（6）蓄水安全鉴定报告已提交；蓄水安全鉴定必须严格按照水利部《水利水电建设工程蓄水安全鉴定暂行办法》进行，由本工程设计单位以外具备资质的单位承担，鉴定外聘专家达到1/3。

（7）蓄水后可能影响工程安全运行的问题已处理，有关重大技术问题已有结论。

（8）蓄水计划、导流洞封堵方案等已编制完成，并做好各项准备工作。

（9）年度度汛方案。包括调度运用方案已经有管辖权的防汛指挥部门批准，相关措施已落实。

（10）工程验收的资料已经准备齐全。应对下闸蓄水期间对下游用水的影响进行分析，与下游有关用水单位及部门进行协调沟通，制定科学合理的下闸蓄水方案，选择合适的下闸时机。水库蓄水过程中要充分考虑下游生态用水的基本需求，保证必需的下泄流量，大箭沟引水系统暂不能引水。

3. 首末台机组启动验收

首末台机组启动验收由竣工验收主持单位或其委托的单位组织的机组启动验收委员会负责，启动验收前应进行技术预验收。

4. 竣工验收

竣工验收应在工程全部完成并满足一定运行条件后，6个月至1年内进行，必须经过一个汛期。竣工验收前须完成各专项验收、决算审计等各项工作，对社会资本投资的水电站，政府部门对审计可以适当放松。竣工验收时，建设单位应形成工程建设管理工作报告（含拟验工程清单、未完工程清单、未完工程的建设安排及完成时间、工程建设大事记）、工程调度运用方案，度汛方案；运行管理单位形成运行管理工作报告；其他参建单位分别形成工程建设监理工作报告、工程设计工作报告、工程施工管理工作报告；工程质量监督部门出具工程质量和安全监督报告；必要时还有重大技术问题专题报告。

竣工验收分技术预验收和竣工验收会议两个阶段，技术预验收以专家组为主，形成技术预验收报告，提交给竣工验收会议。根据《小型水电站建设工程验收规程》（SL 168），水电站工程验收需要资料见表4-1。

表 4-1　　验收应提供的资料清单

序号	资料名称	分部工程验收	单位工程验收	合同工程完工验收	机组启动验收	阶段验收	技术预验收	竣工验收	提供单位
1	工程建设管理工作报告			√	√	*	√	√	项目法人
2	工程建设大事记			*	√	*	√	√	项目法人
3	拟验工程清单	√	√	√	√	√	√	√	项目法人
4	未完工程清单、建设安排及计划完成时间			√	√	√	√	√	项目法人
5	度汛方案				*	√	√	√	项目法人
6	工程调度运行方案					√	√	√	项目法人
7	重大技术问题专题报告					*	*	*	项目法人
8	工程建设监理工作报告			√	√	√	√	√	监理机构
9	工程设计工作报告			*	√	*	√	√	设计单位
10	工程施工管理工作报告			√	√	√	√	√	施工单位
11	机组启动试运行计划				√				施工单位
12	机组试运行工作报告				√				施工单位
13	工程质量和安全监督报告				√	*	√	√	质安监督机构
14	运行管理工作报告						√	√	运行管理单位
15	技术预验收工作报告						√	√	专家组
16	竣工验收技术鉴定报告						*	*	技术鉴定单位

注　符号“√”表示“应提供”；符号“*”表示“宜提供”或“根据需要提供”。

4.9　建设资料整理及项目档案管理

项目建设过程中将形成大量文件，包括项目的可行性研究、勘察设计、施工、调试、生产准备、竣工、试运行等工作活动中形成的文字材料、图纸、图表、计算材料、声像材料等形式与载体的文件资料。工程项目档案管理工作应贯穿于工程建设程序的各个阶段，即从工程建设前期就应进行文件材料的收集和整理工作；在签订有关合同、协议时，应对工程档案的收集、整理、移交提出明确要求；检查工程进度与施工质量时，要同时检查工程档案的收集、整理情况；在进行项目成果评审、鉴定和工程阶段验收与竣工验收时，要同时审查、验收工程档案的内容与质量。项目法人应组织建立项目档案管理体系，明确主要利益相关者的档案管理职责。

4.9.1　项目法人

按照《中华人民共和国档案法》的有关规定，建立健全项目档案，从项目筹划到工程竣工验收等各环节的文件资料、技术图纸，都要严格按照规定收集、整理、归档，保证工程资料的完整和可靠。项目法人对项目档案管理工作负总责，除认真做好自身产生档案的收集、整理、保管工作外，还应加强对其他主要利益相关者归档工作的监督、检查和指导。项目法人应设立档案室，落实专职档案人员，项目法人的档案人员对各职能部门归档工作具有监督、检查和指导职责。负责主要利益相关者档案管理工作的组织协调；负责自身产生的工程建设全过程文件材料的编制、归档等工作；负责接收其他主要利益相关者移交的全部工程档案，汇总后向生产运行单位、上级主管部门移交等。严格执行水利工程建设项目档案管理的相关规定及标准、规范，做到组卷规范，卷内文件内容之间系统联系，文件资料齐全完整。

4.9.2 设计单位

提交工程各阶段的勘察设计成果，提交全部设计修改文件和设计总结等。明确本单位相关部门和人员的归档责任，切实做好职责范围内工程档案的收集、整理、归档和保管工作；属于向项目法人等单位移交的应归档文件材料，在完成收集、整理、审核工作后，应及时提交项目法人。合同完工时应由承建单位通过监理单位审查后向项目管理机构提交完整、准确的工程档案资料，项目竣工时由项目管理机构向项目法人提交完整、准确的项目档案资料，最后由项目法人向上级相关档案主管部门统一移交项目档案。

4.9.3 承建单位

负责编制、收集、整理、提交全部竣工图，施工活动形成的各种方案、措施、记录（含隐蔽工程及测量记录）和质量评定资料，机组启动试运行方案、措施与试运行记录，各类验收签证书和移交前的消缺记录、施工总结等。

4.9.4 监理单位

负责编制、收集、整理、提交工程监理业务范围内形成的监理全部文件材料；督促检查承建单位在工程建设中文件材料的收集情况和资料完成、准确情况，审核承建单位提交的竣工文件和竣工图并签署意见等。

4.9.5 质量监督部门

负责编制、收集、整理、提交工程质量监督工作中形成的各类质量监督文件等。

4.9.6 生产运行单位

负责收集、整理生产准备文件，企业技术标准（现场运行规程、操作及事故处理规程、管理制度与措施等）；提供机组整套启动及试运行期间的文件材料（试运行记录、设备缺陷及事故处理记录、分析、结论，试运行工作总结）；提供设备命名、安全监测、各种记录表格等。

4.10 建设中需要重视的几个问题

4.10.1 安全监测

一些私营电站因当初违规建设，未布设任何安全监测设施，以至无法监测；一些电站因陋就简，未按规范要求设计和安装安全监测设备，导致监测项目不全；有的水电站虽然设计安装有安全监测设施，但在施工期未测初始值，有的是已经蓄水后补设监测设备，使监测成果的准确性大打折扣；施工管理混乱，有的虽然安装了监测设备，但边建设边损坏，最终工程建成时无法正常使用；有的水电站不按规范频次进行监测，有的未对监测成果进行分析利用。安全监测是水利工程的“耳目”，对保障工程安全运行具有重要作用，必须引起高度重视。

4.10.2 特种设备

水电站主厂房起重设备、压力容器等属《中华人民共和国特种设备安全法》中规定的特种设备，建设期应到当地技术监督管理部门办理行车、压力容器等特种设备登记注册手续，运行期进行年度检验，操作人员持证上岗。但大部分水电站建设期未注册，导致后期无法按年度检测，行车、压力容器等特种设备管理不规范，后期将严重影响安全生产标准化达标。

4.10.3 工程管理设计

确定工程保护范围、管理范围，确定需征用土地类别、数量。

目前的民营电站重机电轻水工，水库安全不但关乎电站自身安全，更关乎下游人民群众生命财产安全，水电站的水库安全管理须引起高度重视。在工程管理设计中，根据规模确定运行管理岗位设置方案和岗位人员数量，设立水工安全监测、水文水情测报、水库调度、维修养护、金属结构运行及维护等岗位，切实加强水库安全管理。

4.10.4 工程建设标准强制性条文的执行

一些工程不符合《工程建设强制性条文》（水利工程部分）的规定，如变压器间安全距离、变压器与建筑物之间安全距离不够等。

4.10.5 生态流量泄放设施

严格根据批复要求，建设生态流量泄放的工程设施。

4.10.6 安全生产标准化

《中华人民共和国安全生产法》（修正案，以下简称《安全生产法》）第四条规定：“生产经营单位必须遵守本法和其他安全生产法律法规，加强安全生产管理，建立健全安全生产责任制和安全生产规章制度，改善安全生产条件，推进安全生产标准化建设，提高安全生产水平。”将安全生产标准化上升为法律的高度。小水电工程建设阶段应该着手运行期的安全标准化建设，对作业现场安全防护、标志标线、设备命名、运行规程等提出要求，实现建设与运行的顺利过渡衔接。

4.10.7 工程地质编录

一些水电站工程施工期间未进行施工地质编录，对工程验收及今后大坝蓄水安全鉴定、大坝安全鉴定及维修养护、加固等造成影响，施工期应及时进行施工地质编录。

4.10.8 验收资料的准备

从这些年来小水电工程验收的实践看，验收资料整理还存在不少问题，归纳起来就是验收资料不够完整、规范。具体表现主要是有的工程未能按照《小型水电站工程验收规程》附录A要求全部提供各个专业报告，有的工程参建单位自检报告与管理报告不分，验收资料不完整；有的施工、监理等报告甚至不盖印章；对验收资料的定位缺乏正确的认识，虚话、套话多；报告的内容不客观、真实，存在瞎编乱造现象；工程建设中有关变更在施工、监理等报告中缺乏记载或记载不详细。上述问题产生的主要原因是对有关法规政策及规程规范不熟悉，对资料整编重视不够，尤其是在工程建设中没有收集、积累有关档案、记录等工程建设相关资料。

(1) 严格按照《小型水电站工程验收规程》附录A对不同类型验收需要提供的资料要求，抓好各个专业报告的编写，保证验收资料的完整性。报告提供不全的不能进行验收。

(2) 出案的报告必须由报告编写单位加盖印章，以表明其对报告内容的认可。切实落实验收资料整编的责任。该规程1.0.11指出，验收资料制备由项目法人统一组织，有关单位应按要求完成并提交。项目法人对提交的验收资料进行完整性和规范性检查。

(3) 报告的具体内容要严格执行该规程明确的大纲，大纲明确的内容必须写全，并有重点地写详细、具体，大纲以外除确需进行说明的内容外，尽量少写或不写。

(4) 准确把握验收资料中各个专业报告的定位。各专业报告应该定位成技术性的管理报告，在编写过程中切忌虚话、套话等无用的语言，只需针对工程建设过程中具体做法、采取的措施以及发生的事实进行叙述和总结，交代清楚就行了，更没有必要刻意对报告语言进行润色。工程建设中有关变更、验收中存在的问题和处理以及安全事故、质量事故、质量缺陷等问题必须实事求是，如实反映。

设计、监理等工作报告必须对工程进行评价，有明确可以验收的结论。设计工作报告须选择有代表性的图纸作为附录。

(5) 增强各报告的逻辑性、一致性。工程建设、运行、施工、监理等各项报告之间、各阶段验收资料之间各数据应统一，报告之间具有逻辑性。

第5章　典型水电站

5.1　泾河泾阳县文泾水电站

5.1.1　工程概况

1. 工程位置

文泾水电站位于咸阳市泾阳县白王镇境内，坝址距上游东庄水利枢纽8km，主要利用东庄水库坝址以下泾惠渠库尾以上的泾河干流水能资源。厂址距白王镇15km，距泾阳县城43km。工程任务为水力发电。

2. 工程主要技术经济指标

坝址控制流域面积43156km²，多年平均流量59.9m³/s。大坝为混凝土微拱重力坝，最大坝高42m，水库总库容998.87万m³，具有日调节能力。总装机容量48（3×16）MW，保证出力11.75MW。电站设计引用流量53.4m³/s，设计最大水头110.70m，额定水头104.2m，设计多年平均发电量19017万kW·h，年利用小时3962h。工程为Ⅳ等小（1）型工程，拦河坝等主要建筑物为4级建筑物，其他次要建筑物为5级建筑物。大坝等主要建筑物按30年一遇洪水（9570m³/s）设计、200年一遇洪水（16900m³/s）校核。厂房按50年一遇洪水设计、100年一遇洪水校核。工程抗震设防烈度为Ⅶ度。

3. 建设及运行情况

文泾水电站工程建设及运行单位为陕西文泾水力发电有限公司，设计单位为浙江省温州市水利电力勘测设计院。2006年该项目核准，2007年初步设计报告获批复。工程于2006年5月开工，2010年5月20日投产发电。

自2010年5月20日3台机组全部投运以来，发电机组温度、震动、噪声等参数正常，机组出力能达到设计要求，并安全稳定运行。

5.1.2　工程设计及建设技术问题

1. 工程水文及区域地质

坝址年输沙量27569万t，汛期输沙量24760万t，占年输沙量的90%。多年平均含沙量145.9kg/m³，汛期254.4kg/m³，最大达到460kg/m³，实测最大含沙量1430kg/m³。多年平均输沙量占黄河的1/6，泾河泥沙属世界之冠。

工程区位于鄂尔多斯台拗南缘老龙山断层（F_1）与乾县～富平大断裂（F_{10}）所围限的三角形地带内。老龙山断层（F_1）以北为砂页岩河段；以南为碳酸盐河段，河谷狭窄、岸坡陡峻、地形复杂；峡谷出口处为不对称的槽型谷。工程区主要为灰岩和白云岩夹泥灰岩，其次为砂岩、页岩。工程区地质构造活动相对稳定。根据《中国地震动参数区划图》(GB 18306—2001)，工程区动峰值加速度为0.15g，相应基本地震烈度为Ⅶ度。

2. 工程规划及总布置

文泾水电站上接立项阶段的东庄水库（坝高241m，总库容40亿m^3），东庄水库坝后电站正常尾水位582.00m。下连泾惠渠，渠首大坝加闸后正常蓄水位（闸顶高程）470.2m。文泾水电站开发河段长16km，河道平均比降为0.7%。正常蓄水位580.0m。

主要建筑物包括微拱重力坝、冲沙洞、发电引水隧洞、调压井、压力管道、电站厂房及开关站、输电线路等建筑物。水库枢纽选择在龙盘山附近下游300m左右的位置，岸塔式进水口及隧洞、泄洪冲沙洞布置在左岸，厂房布置在泾惠渠库尾以上。

3. 大坝

(1) 坝址地质。水库岸坡陡峻，基岩裸露，岩性以奥陶系灰岩为主，库段内规模最大的沙坡断层（F_2）近东西向横穿库区，库区喀斯特形态以垂直的溶隙、溶痕为主，水平向溶洞不太显著，直径10～20cm，大于30cm较少。沙坡断层（F_2）以北河段地下水低于河水0～30m，河水补给地下水；F_2以南河段地下水高于河水或与河水持平。水库存在渗漏问题。库岸局部地段有小的塌岸现象，影响不大。库段无淹没或浸没问题。坝址位于沙坡断层以北，两岸基岩裸露，岩体呈厚层状。其水平宽度20～30m，岩体较破碎。风化裂隙发育，岩石表面风化程度较轻，以弱风化为主。坝址区除沙坡断层外，断裂构造不发育，河床两岸裸露岩体均为奥陶系下统（O_1）灰色厚层状灰岩夹泥质白云岩、细晶白云岩，坝址周围未发现滑坡等不良物理地质现象，边坡基本稳定。坝址存在沿F_2断层绕坝渗漏问题。

(2) 大坝。溢流坝采用拱形混凝土重力溢流坝方案。最大坝高42m，溢流坝段长60m，按30年一遇洪水（9570m^3/s）设计，200年一遇洪水（16900m^3/s）校核。洪峰流量大，河谷狭窄，设计洪水时单宽流量达到160m^3/s。文泾水电站大坝采用坝顶全断面自由溢流，戽流消能的泄洪消能方案。初步设计在大坝下游200m处设有坝高8m的二道坝，后经模型试验，在不设二道坝的情况下即能形成稳定戽流流态，故取消了二道坝（图5-1）。

图5-1 泾河泾阳县文泾水电站大坝及进水口

原初设大坝轴线圆弧半径 65m，堰面曲线采用 WES 型，曲线方程为 $X^{1.85}=2\times17.7^{0.85}Y$，WES 型曲线以下为 1∶0.75 斜线段，再接反弧段。坝基开挖后发现存在水平夹泥层面，为满足抗滑稳定性要求，施工图设计过程中大坝坝轴线圆弧半径改为 75m，溢流坝堰面曲线方程为 $X^{1.85}=2\times20^{0.85}Y$，WES 型曲线以下为 1∶0.85 直线段，再接反弧段。原初设在左右坝肩 569.00m 高程布置的灌浆平洞在施工图阶段取消。

（3）基础处理。原设计坝基透水率按 $q<5$Lu 控制，在大坝上游侧布置一排防渗帷幕灌浆，孔深 25m、孔距 2.0m。开挖中根据坝基地质揭示，考虑泾河泥沙含量高，淤积后可形成天然铺盖，在施工中取消了帷幕灌浆，且坝基渗水量很小，并有持续减少的趋势。

4. 泄洪冲沙洞

水库正常蓄水位以下库容 436.9 万 m^3，保证进水口门前清，并保持日调节库容十分重要。泾河主汛期（7—9 月）日平均流量小于等于 300m^3/s 的来水量约占主汛期来水量的 60%，来沙量约占主汛期输沙量的 65%，按此流量确定泄洪冲沙洞规模。泄洪冲沙洞为导流洞龙抬头改建，与发电洞进水口上下垂直布置，发电进水口底板高程 566.0m，泄洪洞底板高程 544.7m，高差 21.7m，确保进水口门前清。

冲砂洞原设计为压力洞，进口设有一道检修平板门，出口布置弧形工作门。进口工作门尺寸为 5.0m×5.0m，出口 4.8m×4.8m。进水口为塔式，尽量减少工作门与进水口间距离，并在闸门井的迎水面 C25 混凝土内，549.0m、556.0m、559.0m、562.0m、565.0m 高程共布置了 9 条 DN100 铸铁管，549m 的作为通气孔，其余作为冲沙孔，当闸门前被泥沙淤积而无法开启时，通过开启不同高程冲砂管冲沙。

泄洪冲沙洞按有压洞设计，但出口闸门等工程尚未实施，出口缩小并增设排气孔，以消除明满交替。进口检修闸门孔口由 5m×5m（$B\times H$）变更为 4m×4.5m，弧形门孔口由 5m×5m 变更为 4m×4m，进口至导流洞相交处这一段的洞径由 5.6m 变更为 4.5m，导流洞段由 5.6m 变更为 5.0m。冲砂流量由原来初设的泄洪冲沙流量 300m^3/s 减小为 200m^3/s。正常蓄水位时 $H/D=7$，判断仍为压力洞，但低水位时可能存在明满交替的情况，对工程安全运行不利，要求运行单位加强对洞身冲蚀情况的监测，必要时应及时进行处理。

5. 进水口

进水口布设在大坝左侧上游 90m 处，进水口底板高程 566.0m，进水口闸门孔口净尺寸由初步设计的 6.0m×6.0m（$B\times H$）调整为 5.2m×5.2m（$B\times H$）。发电洞进水口清污机由原设计的启闭机房顶室外式变更为在启闭机层室内式。施工时根据实际开挖情况，对发电引水隧洞及泄洪冲沙隧洞进水口结构进行了改动，两者由原来的分离式改为整体式，共用中间一块塔壁，洞轴线由原来的平面上相互平行变为夹角 33.4°。

6. 引水隧洞

圆形压力引水隧洞总长 6428m，断面尺寸 5.2m，设计引水流量 53.6m^3/s。隧洞沿线除沙坡断层外，无其他区域性断层发育，隧洞前部分与沙坡后半部与沙坡断层大角度相交，对洞线稳定有利，洞室围岩以奥陶系灰岩为主，埋深 100～400m，围岩以Ⅲ类岩石为主，成洞条件好。由于原地质勘探的缺陷，在发电隧洞掘进至桩号 0+350m 时，遇到断层破碎带，洞顶发生塌方。后通过设计部门的临时加固方案，采用了槽钢支护及临时钢筋混凝土衬砌支护，采取边掘进边支护的方法进行施工掘进，开挖至桩号 0+450m 共掘进破碎带 100m，隧洞贯通后进行全段钢筋混凝土衬砌。

5.1.3 机组

泾河泥沙平均含量 145kg/m^3，远远高于黄河 35km/m^3 的含沙量，年均输沙量达 2.7 亿 t，是渭河泥沙的主要来源。初步设计批复中明确要求“鉴于电站来水含沙量大，建议在水轮发电机组和进水阀订货时，应高度重视高含沙来水对材质和结构的特殊要求”。但由于对泾河的来水含泥量认识不足，在 2009 年 8 月 1 日至 8 月 5 日，在试运行中，造成水轮机的导水机构、主蝶阀、旁通阀严重磨蚀，隧洞、蜗壳也被泥沙淤积。经过改造，并针对泾河多泥沙的特征，采取了一系列的避沙峰措施，从而增加了水轮机的抗磨蚀能力。自 2010 年 5 月 20 日 3 台机组全部修复投运以来，基本安全稳定运行，机组温度、震动、噪声等参数符合设计要求，机组出力能达到额定出力。

5.2 任河紫阳县毛坝关水电站

5.2.1 工程概况

1. 工程位置

毛坝关水电站位于陕西省紫阳县境内汉江一级支流任河上，距下游毛坝镇 1.8km，距紫阳县城约 60km。是任河干流规划的第六个梯级水电站，工程主要任务和作用为水力发电。

2. 主要技术经济指标

毛坝关水电站坝址控制流域面积 3153km^2，多年平均流量 85.2m^3/s，年径流量 26.9 亿 m^3。毛坝关水电站大坝为碾压混凝土单曲拱坝，坝顶高程 427.0m，最大坝高 64.0m，坝顶长度 156.06m。电站总装机容量 24（3×8）MW，保证出力 3.97MW，设计多年平均发电量 9851.2 万 kW·h，年利用小时数 4105h。水库为日调节，调节库容 264 万 m^3。死水位 410.0m，死库容 1966 万 m^3，总库容 2230 万 m^3。为Ⅲ等中型工程，大坝按 50 年一遇洪水标准设计、500 年一遇洪水标准校核；发电厂房按 50 年一遇洪水标准设计、100 年一遇洪水标准校核；工程抗震设防烈度为Ⅵ度。

3. 建设及运行情况

项目建设及运行单位为陕西汉江水电开发有限责任公司。设计单位为国家电力公司西北勘测设计研究院。1998 年 4 月，陕西省计划委员会对工程可行性研究报告进行了批复。1999 年 12 月，该工程初步设计报告获批复。工程于 2000 年 12 月 28 日正式开工，2005 年 5 月全部完工，实际工期 4.5 年。

毛坝关水电站 2004 年 6 月 28 日投产发电，当年完成上网电量 3859 万 kW·h，截至 2010 年 11 月底，累计发电量 49130 万 kW·h，实现利税 2980 万元，取得了较好的经济效益（图 5-2）。

图 5-2 任河紫阳县毛坝关水电站

自电站投产发电以来，经历的任河 2010 年 7 月 18 日洪水，是有资料记载以来的最大一次洪水，坝址洪峰流量达 5670m^3/s，坝前库水位 424.54m，发电厂房处水位 395.45m（超过厂房安装间和厂区地面 0.95m）。

5.2.2 主要技术特点

1. 工程总布置

电站枢纽建筑物包括碾压混凝土拱坝，泄洪排沙（导流）洞，发电引水隧洞、调压井、钢板衬砌的压力管道、发电厂房、110kV 开关站及专用输电线路等。大坝布置在毛坝镇上游 1.8km 处任河峡谷，引水系统沿左岸布置，发电主、副厂房及开关站布置在坝下游左岸约 1km 处河漫滩上（图 5-2）。

2. 大坝

大坝为碾压混凝土单曲拱坝，坝身设开敞式泄洪表孔，堰顶高程 412.0m，泄水前缘长度 61.94m，泄洪表孔下接“两高三低”差动式挑流鼻坎，坝下河床设长 20m 钢筋混凝土护坦。坝底最大宽度 27m，坝顶宽度 4.00m；坝体 399.4m 高程以下为碾压混凝土，以上为常态混凝土，碾压部分为增强其防渗性，上游为三级配变态混凝土。根据右坝肩地质补充钻探揭露的岩体具体情况，设计认为右坝肩的上部岩体不适合作为拱坝基础，因此，在右岸设置重力墩，重力墩高度 32m，其建基面高程为 395.00m，顶部高程为 427.00m。坝基采用帷幕灌浆方式防渗。

3. 泄洪排沙（导流）洞

泄洪排沙洞位于左岸山体，为与施工期导流洞永临结合的建筑物。进水塔为垂直岸塔式，进水口底板高程 387.6m，塔顶部启闭机室高程 427m。洞长 172m，钢筋混凝土衬砌，内径为 8.2m。

4. 引水建筑物

引水建筑物布置于左岸，由岸边进水口、发电引水隧洞、调压井及压力钢管段等组成。

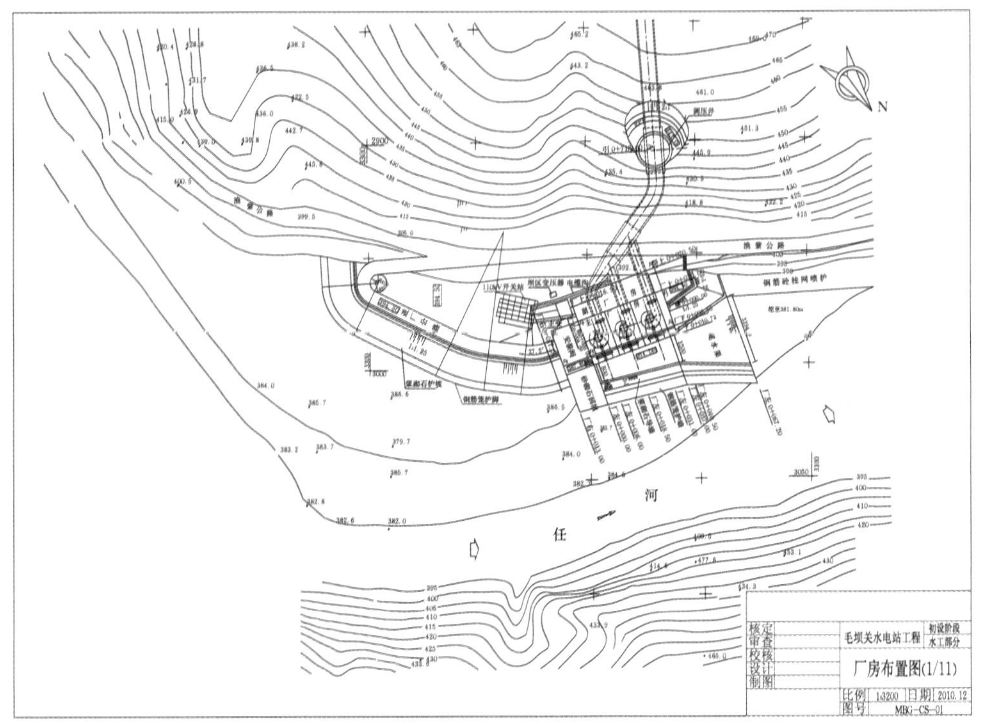

图 5-3　任河紫阳县毛坝关水电站厂区布置

进水口为岸塔式，进水塔启闭机排架为钢筋混凝土结构，进水口从上游至下游依次设有主(8.4m×11m)、副(7.4m×10m)拦污栅和检修门、工作门(6.8m×7.5m)各一扇。

有压引水隧洞长713m，洞体断面为圆形断面，开挖洞径7.8m。在发电引水洞开挖贯通后，根据洞内围岩条件，将原设计全洞钢筋混凝土衬砌改为分段部分钢筋混凝土衬护，其余为挂钢筋网喷射混凝土防护。

调压井为圆筒式，初设确定开挖洞径16m、衬砌内径14m，设计时对体型做了优化调整，开挖洞径减小至14m，衬砌内径减小至12m。调压井高59.8m，调压井以后压力管道长36.8m。

5. 发电厂房及开关站

发电主、副厂房及开关站布置在大坝下游约1km河道左岸河漫滩上。开关站布置在主厂房左侧，为户外式。主厂房总长53.5m，其中机组段总长40.5m，安装间长13.0m、宽度16.5m、高度35.7m。发电机层地面高程387.8m，安装间地面高程394.5m。根据《毛坝关水电站厂区河工模型试验报告》结果，主厂房施工中将下游侧钢筋混凝土防洪墙顶抬高了2m，即将原防护堤顶由396.50m抬高至398.50m，完善了厂区防洪的安全要求(图5-3)。

6. 机组选型

机组装机方案为3台等容量轴流式机组，单机容量8MW。安装两台型号为ZZD231-LJ-225的轴流定桨式水轮发电机组，一台型号为ZZD231-LJ-225的轴流转桨式水轮发电机组。运行中建议由定桨式机组尽量承担90%以上负荷，转桨式机组根据来水情况调节负荷。水库尽量保持正常蓄水位，运行中保持较高水头。

5.3 渚河梯级开发及重点水电站

5.3.1 渚河水文基本情况

渚河为任河一级支流，发源于镇巴县大巴山的平安场，流经镇巴县平安场乡、西河镇、紫阳县的观音镇、小河乡和红椿镇，于向阳镇注入任河，全流域面积964km²，全长125km，河道平均比降6.96‰。

本流域洪水主要由暴雨形成。渚河所在地区为暴雨中心，据紫阳气象站统计，最大3日降雨量为257.4mm，最大5日降雨量为376.9mm，最大7日降雨量为410.3mm。2010年的“7·18”洪水，渚河上游观音堂雨量站实测降雨量347mm。渚河洪水主要由暴雨形成，一般多集中在6—9月，洪水特点是陡涨陡落（一般历时6～24h）、峰高量不大，峰型尖瘦。

尚坝坝址多年平均悬移质输沙量23万t，推移质3.98万t，年输沙总量为27万t。深阳多年平均悬移质输沙量73.5万t，红椿多年平均悬移质输沙量75.7万t。渚河总体为少沙河流。

5.3.2 梯级开发规划情况

截至目前，渚河镇巴县已建小南海水电站、田坝水电站，白龙洞水电站在建，紫阳县境内3座已全部建成。渚河干流规划及电站建设现状表见表5-1，渚河紫阳段水电站位置如图5-4所示。

表5-1 渚河干流规划及电站建设现状表

序号	电站名称	建设地点	开发方式	最大水头/m	装机容量/MW	年发电量/(万kW·h)	年利用时间/h	建设性质
1	石梁	镇巴县麻柳乡	引水式	35	1.2	420	3500	规划
2	小南海	镇巴县麻柳乡	引水式	19.7	0.96	400	4200	已建
3	田坝	镇巴县田坝乡	引水式	145	20	6930	3300	已建
4	白龙洞	镇巴县巴庙镇	混合式	42.5	9.6	3168	3300	在建
5	尚坝	紫阳县红椿镇	混合式	26.7	5.0	1928	3900	已建
6	深阳	紫阳县红椿镇	混合式	41.75	11.4	3471	3045	已建
7	红椿	紫阳县红椿镇	混合式	20.9	6.4	1852	2894	已建
合计					54.56	18169		

5.3.3 重点水电站

1. 镇巴县田坝水电站

田坝水电站坝址控制流域面积430km²，多年平均径流量3.67亿m³，多年平均流量

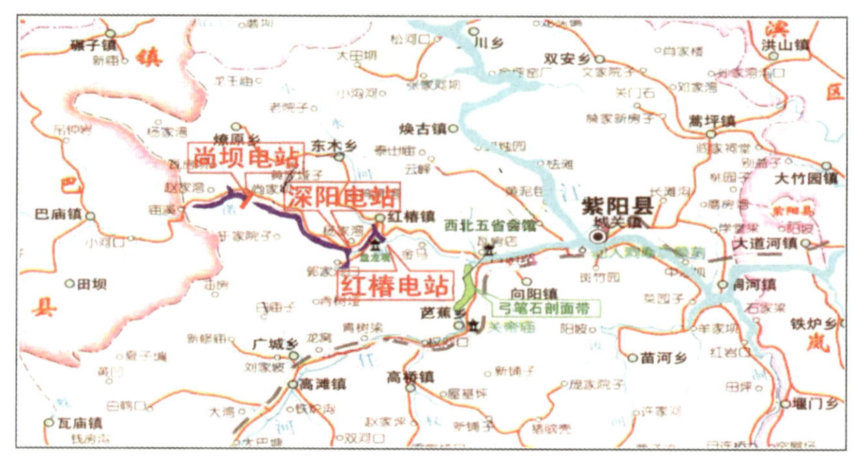

图 5-4　渚河紫阳段水电站位置

11.6m^3/s。电站装机容量 20MW，设计多年平均发电量 5141 万 kWh，年利用小时 2571h。水库总库容 64.3 万 m^3，死库容 15.18 万 m^3，挡水建筑物为闸坝，最大坝高 19.5m，田坝水电站为Ⅳ等小（1）型工程。设计引用流量 19.62m^3/s，设计水头 128m，采用 2×8MW+1×4MW 立轴混流式机组的装机方案。

工程于 2013 年开工建设，2016 年投入运行。

2. 紫阳县尚坝水电站

坝址位于尚坝村上游 1.8km 处（图 5-5）。坝址控制流域面积 730km^2，多年平均流量 19.7m^3/s。发电引用流量 29m^3/s，额定水头 23m。电站为混合式，由引水枢纽、压力引水隧洞、调压井、电站厂房等建筑物组成。工程于 2010 年 10 月开工，2012 年 1 月并网发电。

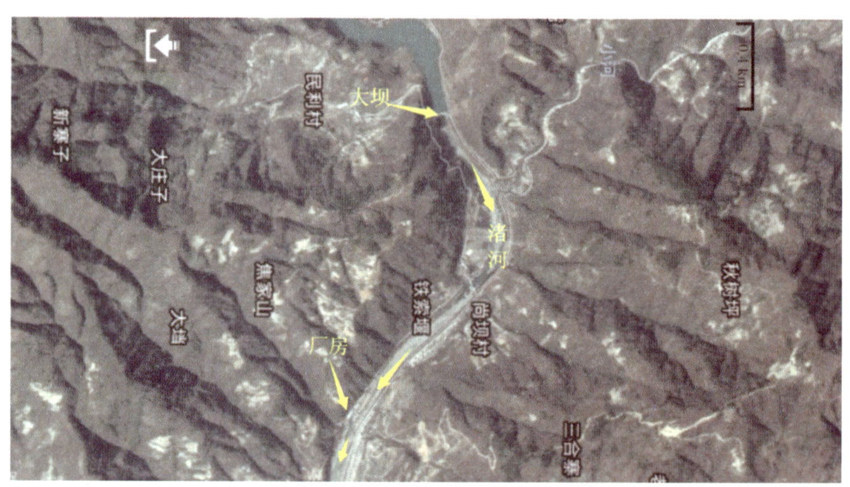

图 5-5　渚河紫阳县尚坝水电站工程布置示意图

尚坝水电站装机容量 5MW，设计发电量 1534 万 kW·h。枢纽工程等级为Ⅳ等小（1）型，防洪标准按 30 年一遇设计、200 年一遇校核。正常蓄水位 426.0m，调节库容 25 万 m^3，为日调节，死库容 250 万 m^3，总库容 378 万 m^3。坝型为混凝土砌石拱坝，最大坝高 32.5m，坝顶设 5 孔 10m×5m 平面滚动钢闸门，采用挑流消能。压力引水隧洞沿右岸山体布置，采用圆形断面，全长1668m。电站厂房位于尚坝村下游0.6km处渚河干流右岸。防洪标准按30年一遇设计、50年一遇校核。安装两台等容量ZDjp502－LH－140（+40）型水轮机发电机组（图5－6）。

图5－6　渚河紫阳县尚坝水电站大坝

3. 紫阳县深阳水电站

深阳水电站于2006年8月开工，2009年元月并网发电，2009年9月主体工程基本完工（图5－7）。

图5－7　渚河紫阳县深阳水电站大坝

深阳水电站坝址位于红椿镇深阳村，坝址控制流域面积818km^2，多年平均流量22.1m^3/s。发电引用流量33.87m^3/s，额定水头41.75m。装机容量11.4MW，设计年发电量3471万kW·h。水库总库容1360万m^3，死库容1158万m^3，调节库容90万m^3。枢纽工程为Ⅲ等中型工程，大坝按50年一遇洪水设计、500年一遇洪水校核。电站厂房为Ⅳ等小（1）型工程，按50年一遇洪水设计、100年一遇洪水校核。地震按Ⅵ度设防。坝型为混凝土砌石重力坝，最大坝高51m，溢流堰顶高程388.8m，坝顶设5孔10m×6.0m平面钢闸门。采用挑流消能（图5－8）。

深阳水电站为混合式电站，由引水枢纽、压力引水隧洞、厂房等建筑物组成。进水口采用塔式进水口，进水口右侧设 3m×3m 泄洪冲沙孔。引水隧洞沿右岸山体布置，压力引水隧洞长 280.64m，断面为圆形，洞径 4.8m，设计引水流量 33.7m³/s。厂房布置在大坝下游 200m 河道右岸，不设调压井。

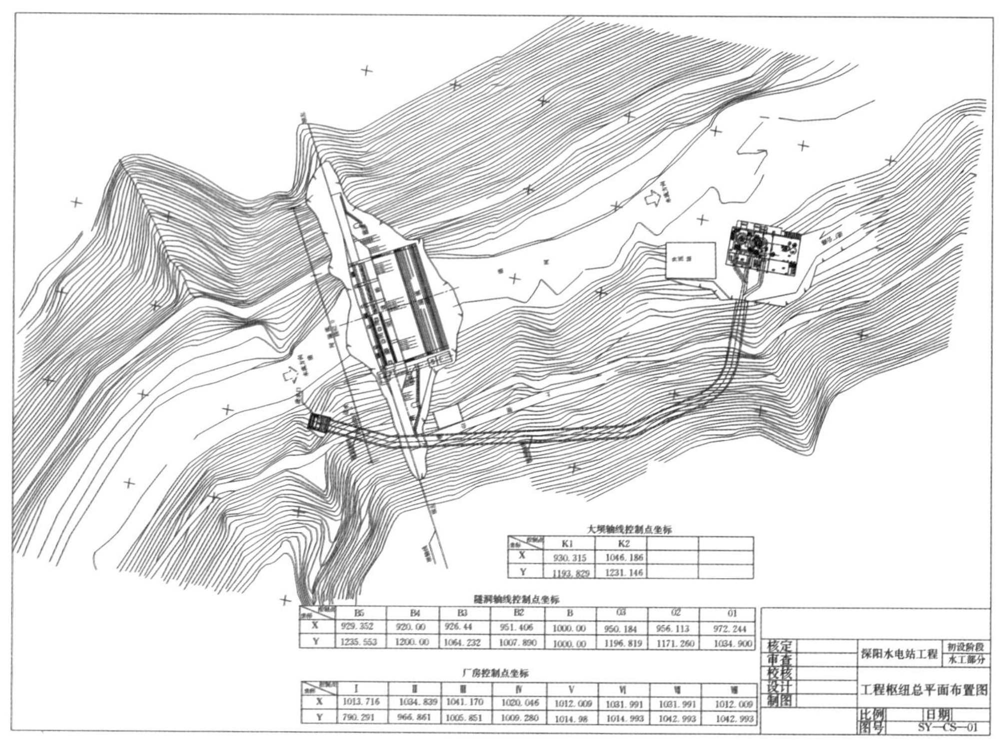

大坝轴线控制点坐标

坐标＼控制点	K1	K2		
X	930.315	1046.186		
Y	1193.829	1231.146		

隧洞轴线控制点坐标

坐标＼控制点	B5	B4	B3	B2	B	03	02	01
X	929.352	920.00	926.44	951.406	1000.00	950.184	956.113	972.244
Y	1235.553	1200.00	1064.232	1007.890	1000.00	1196.819	1171.260	1034.900

厂房控制点坐标

坐标＼控制点	Ⅰ	Ⅱ	Ⅲ	Ⅳ	Ⅴ	Ⅵ	Ⅶ	Ⅷ
X	1013.716	1034.839	1041.170	1020.046	1012.009	1031.991	1031.991	1012.009
Y	790.291	966.861	1005.851	1009.280	1014.98	1014.993	1042.993	1042.993

图 5-8　深阳水电站大坝布置

4. 紫阳县红椿水电站

（1）工程概况。红椿水电站位于紫阳县红椿镇老街，距紫阳县城 17.4km。坝址位于红椿镇上游 6km 处，坝址以上河长 114.5km，控制流域面积 842.5km²。坝址断面的多年平均径流量 6.91 亿 m³，多年平均流量 22.8m³/s。发电引用流量 40m³/s，额定水头 20.9m。红椿水电站为混合式水电站，主要由大坝、进水闸、引水隧洞、调压井、厂房等工程组成。枢纽工程为Ⅳ等小（1）型工程，大坝按 30 年一遇洪水（2540m³/s）设计、200 年一遇洪水（3570m³/s）校核。电站厂房按Ⅴ等小（2）型工程设计，按 30 年一遇洪水（2720m³/s）设计、50 年一遇洪水（3020m³/s）校核，地震按Ⅵ度设防。

红椿水电站设计水头 20.9m，设计引水流量 40m³/s，装机容量 6.4MW，设计多年平均发电量 1852 万 kW·h，年利用小时 2894h。电站正常蓄水位为 354m，死水位 351.0m，水库总库容 340 万 m³。采用跌流消能方式。采取 2×3.2MW 的装机方案，选用两台 ZD-JP502-LH-160 型水轮机配 SF3200-20/2600 型发电机组。

（2）工程布置。红椿水电站为典型裁弯取直水电站，坝址位于红椿镇上游 6km 处，岸塔式进水口布置在大坝上游 50m 右岸，冲沙孔布置在大坝右侧；厂房及中心变电站

（深阳、红椿、尚坝共用）布置在红椿镇上游700m处渚河右岸。进水口为岸塔式，布置在右岸，压力引水隧洞沿右岸山体布置，采用圆形断面，衬砌直径4.0m，全长602m。调压井为圆筒式，布置于厂房后侧。冲沙孔规模偏小，且与进水口距离甚远，对保证进水口前不淤积作用不大。

（3）建设及运行情况。2005年6月，省发改委以陕发改农经〔2005〕539号对红椿水电站进行了核准。工程于2004年3月27日正式动工，2006年6月建成。2010年，对大坝进行了适当改造，溢流坝段溢流堰顶高程354.0m，溢流长度65m，堰顶从平面改为WES型堰。最大坝高22m。结合两岸护坡，坝趾后设混凝土短护坦保护坝趾和护坡坡脚，护坦置于基岩上，厚1.0m、长8m（图5－9、图5－10）。

图5－9　渚河紫阳县红椿水电站大坝改造前后对比

图5－10　渚河紫阳县红椿水电站厂房

5.3.4　运行提示

1. 防洪安全

渚河洪水多发，100～200年一遇洪水较易出现，各梯级电站，尤其是库容较大的尚坝、深阳、红椿三座站防汛形势较为严峻。2010 年 7 月 18 日，渚河发生超厂房设计标准洪水，深阳厂房及红椿被淹，红椿厂房靠近小冲沟，建设初期未进行防护，因乡村道路建设大量弃渣，导致厂房遭受泥石流、洪水灾害。渚河暴雨洪水多发，应高度重视防洪问题。建议研究建设梯级水电站水情自动测报系统、水库洪水预警系统的必要性。由于上下游水库设计标准不同，下游水库制定泄洪方案、预案时应考虑上游一旦失事可能造成的连锁反应。上游水库设计标准高于下游时，上游泄洪应尽可能减轻对下游的不利影响。梯级水电站应建立防汛、发电、检修等运行水情联络机制。

2. 经济运行

紫阳县三座电站均为中低水头电站，调节能力较小，水头对效益影响较大，运行中尽量保持各级在正常蓄水位运行，提高效益。梯级上下游各电站引用流量基本匹配，装机容量基本合理。从实际运行看，能达到或超过设计发电量，从目前新建的水电站年利用小时大部分在 2200～2500h 来衡量，三座电站装机容量仍有适当扩大的空间。加强梯级水电站优化调度、水电站站内优化调度，提高整体效益。制定科学合理的调度运行方式，合理统筹安排梯级水电站联合调度运行，提高发电效益。安全生产、检修等均应统筹考虑。加强工程安全监测，加强安全管理。

3. 梯级集中监控

研究提高梯级电站自动化水平的必要性。远期实现集中监控、远控功能，实现完全意义上的“无人值班、少人值守”。

5.4 南江河镇坪县白土岭水电站

5.4.1 工程概况

1. 工程位置

白土岭水电站为南江河梯级开发镇坪县境内的第二级电站，上游为樟树潭水电站，下游为安宁渡水电站。坝址位于镇坪县白家乡下游 3km 处的南江河干流上，距镇坪县城 21km。工程的开发目标为水力发电。

2. 主要技术经济指标

白土岭水电站坝址以上控制流域面积 962km^2，厂址以上流域面积 1080km^2。坝址多年平均流量 21.5m^3/s，坝址多年平均总输沙量 40.2 万 t，其中推移质沙量 6.7 万 t。

白土岭水电站总装机规模 49MW，大电站装机容量 48MW，利用生态流量发电的坝后小电站 1MW。年总发电量 16550 万 kW·h，年平均利用小时 3378h。正常蓄水位 787.0m，正常蓄水位以下库容 2261 万 m^3。死水位 770.0m，死库容 809 万 m^3，调节库容为 1452 万 m^3。排沙水位 781.0m，设计洪水位 785.27m，校核洪水位 787.83m，水库总库容 2360 万 m^3。

白土岭水电站枢纽为Ⅲ等中型工程，大坝等主要建筑物级别为 3 级。大坝按 50 年一遇洪水（2250m^3/s）设计、500 年一遇洪水（3280m^3/s）校核。厂房按 50 年一遇洪水（2430m^3/s）设计、200 年一遇洪水（3100m^3/s）校核。坝后小电站按 20 年一遇洪水

（$1830m^3/s$）设计、50年一遇洪水（$2250m^3/s$）校核，100年洪水不淹厂房。工程区地震设防烈度为Ⅵ度。

3. 建设及运行情况

2010年1月，省发改委对白土岭水电站项目进行了核准，同意建设白土岭水电站。2015年陕西省水利厅对白土岭水电站初步设计报告进行了批复。工程于2014年开工建设，2017年正式下闸蓄水运行。

5.4.2　白土岭水电站工程技术特点

1. 工程规划及总体布置

白土岭水电站为混合式电站，为解决厂坝区间减水脱流问题，采用大、小电站结合的开发方式。大电站48（2×20＋1×8）MW，坝后生态流量电站1×1MW。

首部枢纽布置在白土岭峡谷出口上游1km处，岸塔式进水口位于左岸坝前，压力引水隧洞布置在左岸，洞长8456m，厂房布置在国庆村甘坪下游侧的河湾滩地上。

坝后小电站布置在坝后距坝300m处河道左岸。

2. 枢纽

（1）大坝。坝址呈基本对称的V形河谷，河床覆盖厚5～7m，两岸基岩裸露，坝基岩性为辉长岩。两坝肩基本无影响坝肩稳定的不利结构面组合。该工程于2009年开工，完成了坝肩的开挖，后又长时间停工，致使左坝肩760m高程以上卸荷裂隙发育，岩体纵波速低于3000m/s。左坝肩上游有卸荷松动体。

白土岭大坝采用混凝土抛物线形双曲拱坝坝型，坝顶高程789m，最大坝高65m。采用坝顶3孔表孔（堰顶高程779m，闸门尺寸14m×8m）、坝体2孔底孔（底板高程743m，孔身尺寸4.5m×5.5m）联合泄洪，表孔采用挑流消能，底孔宽尾墩窄缝消能的泄洪消能方案（图5-10、图5-11）。设计中考虑泄洪对左坝肩后伸入河道岩体的冲刷，评估该岩体破坏后对坝肩稳定的影响。落实防止分流墩及折流板等部位空化汽蚀破坏的措施。

（2）引水发电系统。进水口采用岸坡式。引水发电洞布置在左岸，断面为圆形，衬砌内径4.6m，洞长8456m，出口位于F_1断层下盘。洞线穿过岩层主要有泥质、炭质、硅质板岩和辉长岩等，围岩以Ⅱ、Ⅲ类为主，隧洞出口边坡稳定性较差。洞线走向与岩层走向夹角较大，地下水位高于洞顶，且穿越4条较大冲沟。

（3）双调压井。上调压井位于断层影响带内，属Ⅴ类围岩，进行固结灌浆处理。调压井为阻抗式，深度69.5m，井筒直径9.0m。

尾水调压井为阻抗式，高度14.44m，井筒直径16m。

5.4.3　白土岭水电站大坝自密实堆石混凝土施工方法

白土岭大坝混凝土总方量10.3万m^3，大坝主体采用$C_{90}20W8F100$堆石混凝土，堆石混凝土总方量8.3万m^3，堆石率55%；坝顶、廊道四周、底孔、闸墩等位置采用$C_{28}25W6F100$二级配常态混凝土；溢流面、底孔四周、消能工采用$C_{28}40W8F100$二级配抗冲耐磨混凝土。大坝材料分区如图5-12所示。

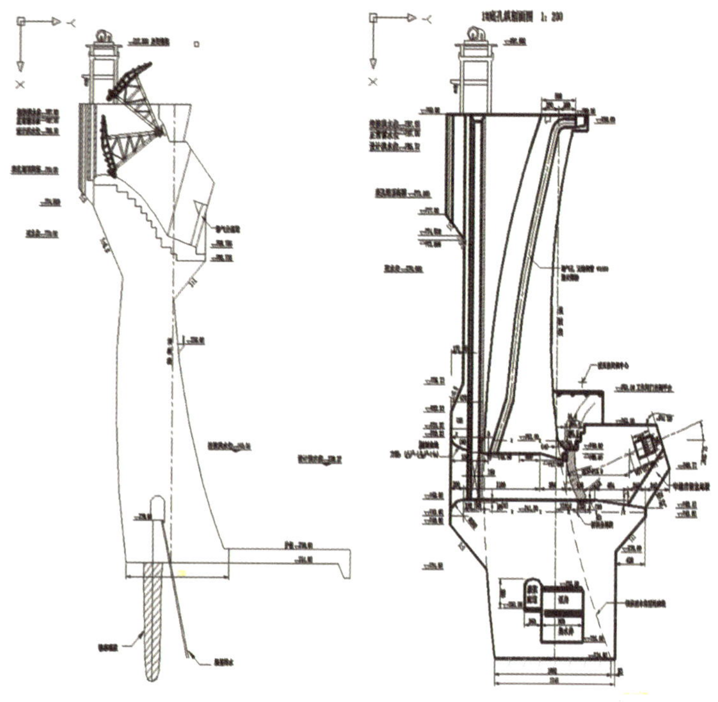

图 5-11　南江河镇坪县白土岭水电站大坝剖面图

1. 建筑材料

建筑材料除满足常规要求外，还有以下要求。

(1) 堆石料。堆石料要求新鲜、完整、质地坚硬。粒径不小于 300mm。最大粒径不超过结构断面最小边长的 1/4。含泥量不多于 0.5%，不允许出现泥块。白土岭设计堆石混凝土强度等级 C_{90}20W8F100，相应要求堆石料饱和抗压强度不小于 40MPa。白土岭堆石料为辉长岩，经试验饱和抗压强度为 151MPa，满足设计要求。

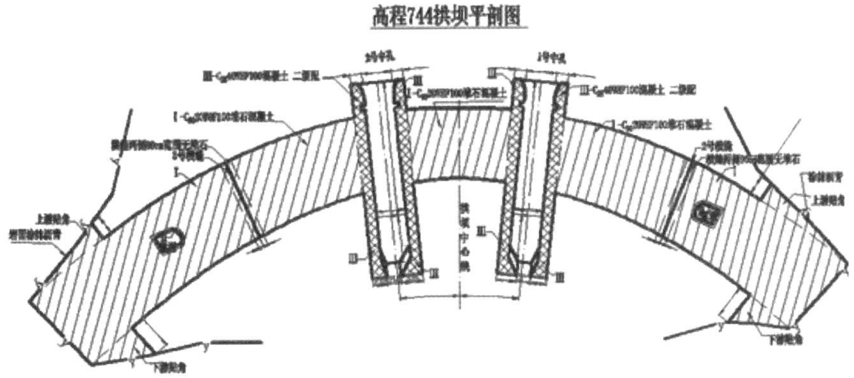

图5-12 南江河镇坪县白土岭水电站大坝材料分区图

(2) 混凝土骨料。由于3个天然料场粗骨料软弱颗粒、细骨料含泥量不符合规程要求，白土岭粗、细骨料采用人工轧制。导则要求高性能自密实混凝土品质除符合《水工混凝土施工规范》(SL 677) 外，粗骨料最大粒径不超过20mm，针片状颗粒含量不超过8%。

(3) 白土岭采用平利县水泥厂生产的金龙牌P.O 42.5MPa普通硅酸盐水泥。

(4) 掺和料。掺和料可采用粉煤灰、磷渣粉等，白土岭根据情况采用石灰石粉，其符合《高强高性能混凝土用矿物外加剂》(GB/T 18736) 要求。

(5) 外加剂。主要使用以聚羧酸盐高分子为主要原料的高性能减水剂。

2. 坝体构造及基础处理

(1) 厚高比。可研阶段推荐为碾压混凝土坝，厚高比0.25，初设阶段采用自密实堆石混凝土坝，厚高比稍有变大。

(2) 坝体分逢。白土岭坝高65m，坝顶弧长203.4m。根据水化热分析，从左至右共设5条横缝，分别位于两拱端、溢流坝两侧和拱冠梁。横缝将坝体从左至右分为25.6m、37.7m、33.9m、47.3m和25.0m几个坝段，防渗层横缝与堆石混凝土坝体横缝位置相同。缝距符合碾压混凝土或细石混凝土砌块石拱坝的一般温控防裂要求即可。坝址区多年平均气温12.0℃，最高月平均气温22.3℃。最低月平均气温1.2℃，相对湿度为75%，较利于施工温度控制。白土岭在温度较高的月份，尽量避开高温时段浇筑，仓面采用喷雾措施，以降低环境温度，控制浇筑温度不大于15℃。采用薄层短间歇均匀上升，浇筑层厚度为1.5～2.0m，间歇期为5～7d。在初凝后及时洒水养护，并用塑料薄膜覆盖，防止表面水分蒸发，保持混凝土表面经常处于湿润状态。

(3) 坝体防渗。白土岭坝高65m，按《胶结颗粒料筑坝技术导则》要求需专设防渗层。防渗层位于坝上游迎水面，用高性能自密实混凝土与堆石坝体一体浇筑，防渗层厚度为2m。为防止出现温度裂缝，在上游坝面配置温度钢筋网，钢筋为$\phi 12@200\times 200$mm。

(4) 基础处理。白土岭大坝基岩为辉长岩，石质坚硬，无不稳定结构面组合，坝基置于弱风化中上部岩体上。建基面高程724.0m。坝基进行了固结和帷幕灌浆，透水率按$q<$

3Lu 控制。在建基面上浇注 2m 厚常态混凝土作为垫层，在垫层上浇筑高性能自密实堆石混凝土。

3. 施工工艺

（1）配合比。白土岭自密实堆石混凝土设计要求为 C_{90}20W8F100，配合比采用绝对体积法计算。白土岭高自密实混凝土设计配合比见表 5-2。

表 5-2　　白土岭高自密实混凝土设计配合比　　单位：kg/m^3

材料/kg					
水泥	石灰石粉	水	砂	石子	外加剂
P. O 42.5			细度 2.58	10～20mm	
246	207	196	900	720	7.1

（2）施工方法。

1）堆石入仓。清洗后的堆石成品采用吊索直接入仓，堆石分层厚度为 1.5～2.0m。

2）平仓。堆石采用人工或挖掘机平仓，在靠近模板、底孔通气孔部位由人工堆放。堆石外露面所含有的粒径小于 200mm 的石块数量不超过 10 块/m^2。

3）混凝土输送及浇筑。白土岭用混凝土泵输送高自密实性能混凝土到仓面。浇筑点均匀布置，间距在 3m 以内。单向逐点浇筑，每个浇筑点浇满后移至下一浇筑点，浇筑点不重复使用。浇筑时最大自由落下高度不超过 5m。收仓时，浇筑顶面可不采用人工平整，使适量石块高出浇筑面 50～150mm，不超过石块自身高度 1/3，可以起到齿合作用，提高抗剪能力，加强层面结合。

4）下一仓准备。本层堆石混凝土抗压强度达到 2.5MPa 以后，一般根据实际判断可以开始承压堆石时，进行下一仓仓面准备。由于该工程坝前有防渗体，因此层面间不需凿毛或冲毛。白土岭 5 个坝段同时进行两个坝段浇筑，其余 3 个坝段进行准备，循环浇筑。

5）雨天施工措施。小雨时采取搭棚遮盖措施施工，中雨以上不施工，并对仓面采取防雨和排水措施。

5.4.4 质量控制

堆石混凝土原材料质量控制主要按规范要求的检测项目、频次进行检测，确保达到要求的控制标准。如水泥每 200～400t 检测一次，主要检测细度、安定性、标准稠度用水量、凝结时间、强度等级等。对高自密实性混凝土的坍落度、坍落扩展度等每 4h 检测不少于一次。

施工中，建设单位委托第三方检测单位对白土岭大坝堆石混凝土的强度、抗渗性等进行了钻孔取芯和压水试验检测。在大坝 750.00m 高程对 2～5 号坝段进行钻孔取芯、压水试验。从取出芯样及压水试验数据分析看，大坝 739.3～750.00m 高程各坝段透水率超过了规范允许值。分析主要是由于该段所用堆石料粒径偏小，堆石间空隙偏小，使高性能自密实混凝土难以自流充填密实所致。属于施工质量缺陷，后进行了灌浆，灌后最大透水率 $q<1$Lu，符合规范要求。

5.4.5 自密实堆石混凝土施工的技术问题

（1）经济合理性。采用堆石混凝土后，大坝厚高比变大，方量较常态混凝土增大。堆石混凝土中混凝土占50%左右，可以减少砂石骨料用量。在粉煤灰、砂等运输困难但块石料丰富的地区，相比碾压混凝土具有一定的经济合理性。但考虑专利费、添加剂等费用，经济性不一定比碾压混凝土好。

（2）简化温控措施。堆石混凝土中混凝土占50%左右，1m^3 堆石混凝土中的水泥用量与碾压混凝土基本相当，可以充分利用粉煤灰、矿渣粉、石粉等活性或惰性掺合料，使水泥用量显著降低。C20 等级堆石混凝土的水泥用量一般不超过 80kg/m^3，绝热温升不超过15℃，可以显著简化甚至取消温控措施。但 1m^3 高性能自密实混凝土中的水泥等胶凝材料用量稍高，水灰比较小，在终凝前失水易造成早期收缩裂缝，因此需加强养护。堆石混凝土水泥等胶凝材料用量较低，但高性能自密实混凝土中胶凝材料用量较高，其水化热和自生体积变形略高于常态混凝土。因此，仍需采取一定的温控措施。

（3）对坝体结构影响。采用堆石混凝土后，大坝厚高比要变大。为解决防渗问题，需在坝上游迎水面配置温度钢筋网，钢筋为 ϕ12@200×200mm。用高性能自密实混凝土与堆石坝体一体浇筑，防渗层厚度 2m。分缝较常态混凝土简单。

（4）堆石混凝土无需振捣，施工速度快。同时与碾压混凝土相比，堆石混凝土施工工艺简单。与浆砌石相比，堆石混凝土的质量容易得到保证。但对较高坝，到一定高度，块石入仓困难，需要一块一块吊入仓面时，施工速度并不比碾压混凝土快。

（5）质量控制。堆石混凝土坝对堆石的粒径，粗细骨料粒径、级配、高自密实混凝土配合比、拌和、运输、浇筑等各环节均有严格的要求，任一环节都对工程质量有较大影响，必须严格按照导则要求对材料、混凝土进行检测和施工，检测频次密度高，质量控制难度大。

5.5 坝河旬阳县桂花水电站

5.5.1 工程概况

1. 工程位置

桂花水电站位于安康市旬阳县桂花乡，距旬阳县城 27km，为汉江一级支流坝河梯级开发的最末一级。桂花水电站主要任务是水力发电。

2. 主要技术经济指标

电站装机容量 12MW（2×6MW），设计年发电量 4500 万 kW·h，年利用小时 3749h。正常蓄水位 294.00m，有效库容 2236 万 m^3；死水位 279.00m，死库容 1016 万 m^3；设计洪水位 294.65m，校核洪水位 296.19m，水库总库容 3252 万 m^3。枢纽为Ⅲ等中型工程，主要建筑物为三级，电站为Ⅳ等小（1）型工程，为四级建筑物；大坝枢纽防洪标准按 50

年一遇洪水（1550m³/s）设计、500 年一遇洪水（2150m³/s）校核；电站厂房按 50 年一遇洪水设计、100 年一遇洪水校核；工程抗震按Ⅵ度设防。

3. 建设及运行情况

桂花水电站建设及运行单位为镇坪桂花水能开发有限公司，施工图设计单位为安康市水利水电土木建筑勘察设计院。2001 年 1 月 30 日，陕西省发展计划委员会对桂花水电站可研报告进行了批复，2004 年 3 月 10 日，陕西省水利厅对桂花水电站初步设计进行了批复。工程 2004 年 1 月 17 日开工，2008 年 11 月 11 日正式并网发电。

桂花水电站自 2008 年 11 月 11 日并网运行以来，除 2010 年的“7·18”洪水超过厂房校核洪水标准而造成厂房发电机层进水外，其他运行基本正常（图 5-13）。

图 5-13　坝河旬阳县桂花水电站

5.5.2 主要技术特点

1. 工程总体布置

桂花水电站为坝式水电站，由浆砌石单曲拱坝、发电引水隧洞、岸边式厂房、升压站等组成。厂房距大坝较近，在大坝泄洪时，泄洪水雾对厂房、变电站有一定影响。冲坑堆积物易造成尾水淤积。

2. 大坝

大坝为浆砌石单曲拱坝，最大坝高 56m，坝顶弧长 57m，溢流堰堰顶高程 288.0m，非溢流坝坝顶高程 296.50m。

原初设大坝为单曲单心拱坝，由于坝轴线较可研坝轴线下移 6～8m，施工时左坝肩地质情况较差，按设计开挖坝肩左坝肩明显单薄，后将坝体变更为两心拱，即 260m 高程以下按原单心拱不变，260m 高程以上坝体中部右半径尺寸不变，左岸坝体半径为 68～287m，中心角 84.25°。岸坡固结灌浆原设计的垂直坡面布孔，改为斜交的垂直孔，改变后的灌浆孔能穿透全部岩层裂缝，固结效果好于斜孔。增加了坝内廊道。

3. 泄洪及消能

设计原采用挑流消能方案，坝下设 6m 长护坦。泄洪消能模型试验结果显示，当水流落入下游河床时，由于溢流坝断面沿程缩窄，水舌沿程向心集中，单宽流量加大，水流流态受断面缩窄影响严重。落点水舌宽度比溢流坝出口宽度大大减小，实测设计水位情况下水舌宽度为 20.4m，设计水位时减少了 45%，校核水位时为 28.8m，校核水位时减小了 23%。水舌落入河床后偏向左岸流动，水流翻滚大，水面波动剧烈，试验最大流速，设计水位时为 27m/s，校核水位时为 27.96m/s。其他测点的最大流速为 10～12m/s。右岸为回流区，对左岸河床产生较大的冲刷，而左岸河床在水舌落点下游约 200m 的范围内岸坡为土坡，泄流时将会使土坡坍塌造成滑坡危及岸边的安全。原型河床的抗冲流速只有 5.0m/s，而实际落点处的流速约为抗冲流速的 6 倍。

为改善水流流态和减小下游河床的冲刷，试验采用差动坎方案和掺气分流墩方案进行比较，结果证明，掺气分流墩方案大大改善了水流流态，使水流偏向左岸的现象大为减弱，下游河床冲刷高程也比差动坎方案提高了 5m 左右，最终采用掺气分流墩与消力池联合泄洪消能方案。坝河旬阳县桂花水电站泄洪建筑物如图 5-14 所示。

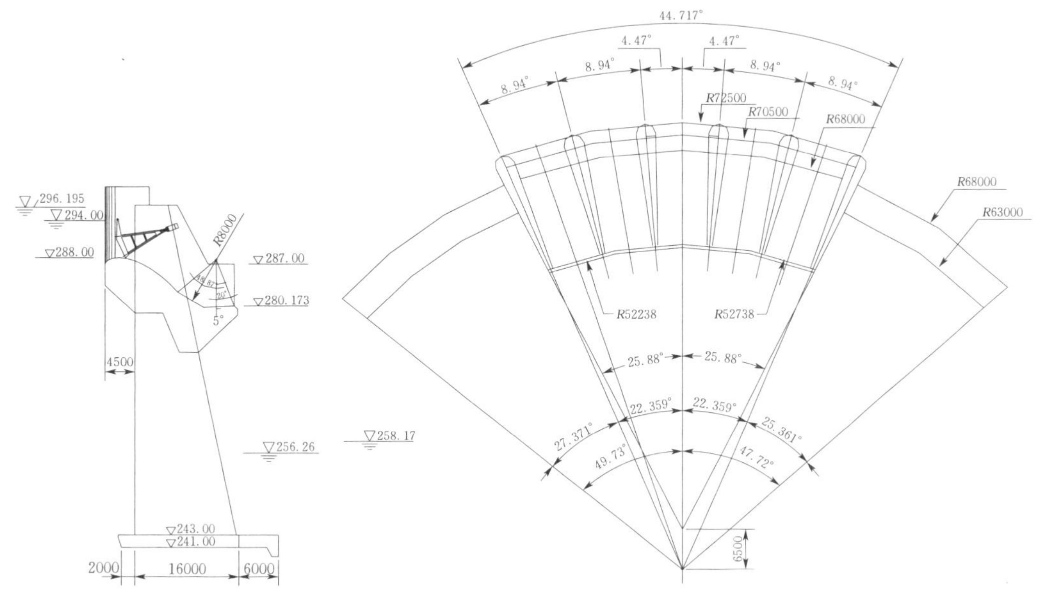

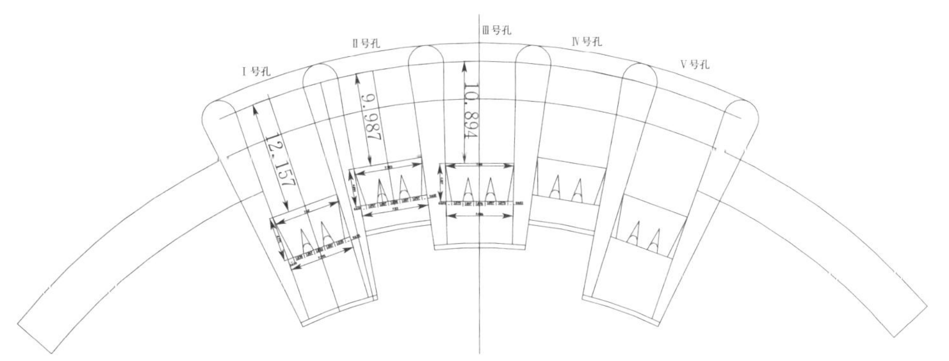

图 5-14（一） 坝河旬阳县桂花水电站泄洪建筑物

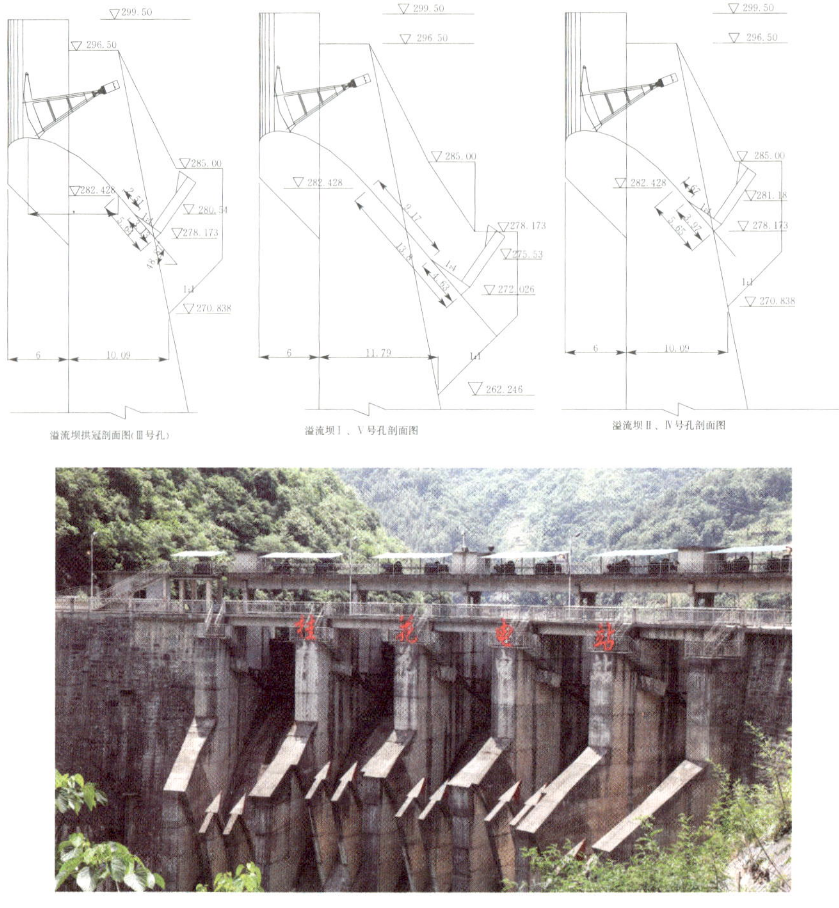

图 5-14（二） 坝河旬阳县桂花水电站泄洪建筑物

掺气分流墩由墩头、劈流头、侧墙挑坎、底部掺气坎及支墩组成。分流墩和底部掺气坎的作用是将集中下泄的水流分成多股挑射水流；劈流头的作用是将墩头顶部的水流分开；侧墙挑坎的作用是水流流过侧墙挑坎时，水流向内收缩，在侧墙的背后形成空腔，使空气源源不断地掺入水流中；支墩的作用是支撑掺气分流墩，保证掺气分流墩的稳定性。

桂花水电站在每孔溢流面设置了两个掺气分流墩，当水流通过分流墩时，分流墩将水流分成 20 股分散水舌，每股水流都遵循自己的运动轨迹流动，在空中互相碰撞掺混，使整个水流的底部、顶部和侧面都处于大气中，形成了四面临空、充分扩散的掺气水流。墩高 6.6m，墩厚 0.96m，墩宽 1.206m。墩的前部为圆弧形，后部为梯形，劈流头为三角形，在墩子的后部设有支墩。在分流墩的布置上，2、3、4 孔和 1、5 孔的设置位置各不相同，使水流纵向分散时落入不同的位置，从而减少入水单宽流量，减轻对下游河床的冲刷。

消力池的轴线以拱坝的坝轴线为准。消力池长度为 75m，右岸消力池的进口宽度为 21m，出口宽度为 25.5m，扩散角为 3.434°，消力池的边墙为直墙；左岸的消力池边墙按照左岸的山体布置，为了使水舌全部落入消力池，消力池的进口宽度为 21.0m，向下游 21.4m 处的宽度从 21.0m 逐渐缩窄为 14.4m，然后消力池向左扩散，出口扩散宽度为

18m；在消力池进口向下游41.2m消力池的边墙为直墙，再向下游16m为一过渡段，过渡段用扭面连接，扭面下游为一斜墙，其坡度为1∶1；为了稳定水跃和增加消能效果，在消力池中布置了6个T形墩，T形墩布置在水舌冲击区，由于掺气分流墩水舌挟带了大量的空气，T形墩估计不会发生空蚀破坏，但为了安全起见，T形墩墩头的前部做成流线形，尾部做成扩散形，以增加其抗空化的能力。

5.6 峡河西乡县左溪水电站

5.6.1 工程概况

1. 工程位置

左溪水电站位于西乡县左溪乡境内的牧马河一级支流峡河上，距西乡县城35km。

2. 主要技术指标

峡河干流长度31.4km，流域面积379.9km²，坝址以上控制流域面积138km²。左溪水电站为混合式水电站，装机容量4.8MW。水库正常蓄水位655.10m，正常蓄水位以下库容393万m³。死水位630.5m，死库容74.1万m³，调节库容318.9万m³。设计洪水位658.2m，校核洪水位659.8m，水库总库容538万m³。

大坝为Ⅳ等小（1）型工程，坝址多年平均流量4.1m³/s。大坝按30年一遇洪水（898m³/s）设计、200年一遇洪水（1372m³/s）校核。坝型为混凝土双曲拱坝，拱圈线型为混合线型，最大坝高69m，厚高比0.17。采用坝顶自由溢流，挑流消能的方案。地震设防烈度为Ⅵ度。

3. 建设及运行情况

该工程于2008年开工建设，属未批先建项目，有关部门多次下发整改和停工指令，并将其列入全省重点清查整顿项目。因该工程违规施工，当众多问题暴露出来时，已施工至一定高程，导致处理余地较小。后经多方技术论证，2016年加固处理完毕。

5.6.2 左溪水电站工程地质概况

工程的地质条件并不复杂，但前期地质工作深度严重不足，在未查明相关地质问题情况下即开工建设，地质问题随着施工才不断暴露出来。

1. 区域地质

工程区在大地构造上属于扬子准地台北部边缘的大巴山元台拗拆断带，受巴山弧形构造控制。区域性主要断裂为钟家沟—峡口—堰口大断层，第四纪下更新世仍有活动。左溪电站位于该断层上盘，距断层直线距离8～10km，根据《中国地震动参数区划图》（2001年），工程区基本烈度为Ⅵ度，地震动峰值加速度为0.05g。工程区属相对稳定区。

2. 库区地质

水库位于灰岩分布地区，右侧为单薄山梁和深沟，前期没有说明库盆可溶性岩层的边界，即相对不透水地层的分布范围，没有对库区渗漏的有效论证。水库区有3个滑坡，没有稳定性分析和风险分析，未对岩溶发育程度进行评价。

3. 坝址工程地质

两岸坝肩及坝基为三叠系中上统石灰岩，坝址河谷断面为不对称 V 形，右岸边坡近 70°，620m 高程以下近直立，左岸边坡较缓。两岸基岩裸露，岩性为硅质灰岩，无明显岩溶现象。岩层产状倾向下游偏右岸，倾角 40°左右。断裂构造主要为层间错动和陡倾角裂隙。施工中在河床右侧发现有深槽，后推断为一条顺河断层。右坝肩卸荷裂隙发育，存在不利裂隙组合。右岸紧贴坝下游面，在高程 620m 以下有一条宽约 1.5m 横河向垂直裂隙密集带，其下游局部范围内，发育一组倾向河床偏下游陡倾裂隙，对右坝肩稳定不利。左岸坝肩处在强风化岩石上，但因坝肩施工开挖造成拱端岩石抗体偏少，对坝肩稳定不利，应加强保护和采取补强措施。

5.6.3 建设中的主要技术问题

左溪水电站坝型为混凝土双曲拱坝，拱圈线型为混合线型，最大坝高 69m，厚高比 0.17。采用坝顶自由溢流，挑流消能的方案。

1. 第五坝段浇筑在砂卵石层上

拱坝河床段设计的建基面高程 591.00m，但当第五坝段坝基开挖至 591.0m 高程时，发现河床中间存在一深槽，在该高程处深槽横河向宽度约为 19m，深槽中的填充物为砂卵石。如图 5－15 所示。当开挖至 587.5m 高程时，深槽宽度缩小至约 7.5m。由于上下游围堰离基坑较近，且围堰的防渗措施不够充分，继续开挖十分困难，遂在 591.0m 高程以下满槽回填混凝土（在 591.0m 高程以上立模浇筑混凝土坝块）。

图 5－15 西乡县左溪水电站大坝左、右坝肩

2. 右坝肩安全系数不满足规范要求

坝体右岸岸坡陡峭，基岩完整性较好，但右拱圈与右坝肩基岩的交角较小，且拱端嵌入深度不足。拱端中心线下游坝肩混凝土体并未进入弱风化线，处在强风化或表层卸荷岩体中。经停工后复核，表明右坝肩稳定不能满足设计规范要求，除了右坝肩顶拱附近稳定

安全系数欠缺20%之外，右坝肩620m高程以下的稳定安全系数也有所不足，约有3%的缺口。因坝肩施工开挖造成拱端岩石抗体偏少，对坝肩稳定不利。

右岸坝肩坡度较大，施工中又无灌浆廊道，灌浆质量难以保证，加之该工程为薄拱坝，可能存在绕坝渗漏，右岸紧贴坝下游面，在高程620m以下有一条宽约1.5m横河向垂直裂隙密集带，渗流将恶化坝肩受力条件，对右岸拱座稳定不利。右坝肩边坡陡峻，垂直灌浆帷幕的水平封闭深度较浅，右岸坝肩渗径较短，而岩体裂隙（特别是倾向岸内的裂隙）较发育，蓄水后坝后边坡内可能有较高水压力。

坝左岸下游岩体已遭受洪水冲刷破坏，对坝基左侧岩体抗滑稳定极其不利。

3. 挑流水舌落点影响左岸岸坡稳定及坝后交通

坝址处存在顺河断层且岩层缓倾向下游，考虑坝顶溢流向心作用，原设计的坝顶溢洪道挑流水舌的落点位置偏向左岸，将造成左岸岸坡下部的严重冲刷，进而危及左岸岸坡乃至左坝肩的稳定。2015年发生一场较小洪水，现场发现对左岸冲刷十分严重。

4. 发电进水口高程偏低

坝址年输沙总量为6.50万t，其中推移质为1.08万t，折合5.5万m^3。进水口以下库容仅2万m^3。原发电洞进水口底板高程仅比导流洞高出3m，将很快被泥沙淤积，且无冲沙及放空设施，对工程后期安全运行极其不利。

5. 无安全监测设施

本工程未设计和实施安全监测设施，应按照规范要求予以补充。

6. 无放空设施

该工程先天不足，虽然库容不大，但坝高已接近高坝，下游还有众多居民，一旦失事后果不堪设想。同时坝址位于石灰岩地区，水库右岸邻谷距离很小，邻谷渗漏的危险性较大，但工程针对库区渗漏问题所做的前期工作十分有限，水库蓄水后一旦发现库区渗漏现象，无法放空将很难进行有效防渗处理。

5.6.4 技术处理措施

1. 坝基处理

（1）灌浆处理。针对第五坝段浇筑在砂卵石上的问题，建设及施工单位在坝体浇筑到600.00m高程时对砂卵石进行了第一次固结灌浆，浇筑到609.50m时进行了第二次固结灌浆。灌浆压力3MPa，两次灌注水泥600t。灌浆后委托有资质的单位进行了检测。共布设5个检测孔，除4号检测孔透水率61.09Lu外，其余均小于3Lu。经对4号孔进行加密补灌后，达到设计要求。波速测试及岩芯力学实验结果，基本满足设计要求。检测报告认为卵石层胶结体芯样变形模量最大值为60.2GPa，最小值为5.5GPa，平均值为18.9GPa，建议值为5.5GPa。

（2）第五坝段基础对坝体应力的影响敏感性分析。为了论证河床坝段局部坝基低变模对坝体应力的影响，将5号坝段坝基变模E_0分别设定为15GPa（一般坝段的取值）、5.5GPa（检测单位提供的建议值）和0.5GPa（取很小值），用拱梁分载法分析了典型工况下坝体应力受5号坝段坝基变模影响的敏感性。

从表 5-3 看，坝体应力对坝基变模 E_0 不敏感，取最小 $E_0=0.5$GPa 时，坝体应力均在规范允许范围内。主要原因是由于拱坝结构的整体效应较强，河床坝段因局部坝基软弱而无法承担的荷载可很好地转移给相邻坝段，并转移至两岸坝肩。可见，第五坝段基础的砂卵石层在经过高压灌浆处理之后，坝体应力条件能够满足设计规范要求。由于该拱坝很薄，坝基最宽 11m，正常蓄水位情况下渗透比降超过 6，且灌浆等处理措施对断层针对性不强。要求后期要加强观测，确保坝基变形和渗透安全。

表 5-3　　左溪水电站坝体应力敏感性分析表

型　式	$E_0=15$GPa		$E_0=5.5$GPa		$E_0=0.5$GPa		规范允许值
	最大主拉应力/MPa	最大主压应力/MPa	最大主拉应力/MPa	最大主压应力/MPa	最大主拉应力/MPa	最大主压应力/MPa	
基本组合 1：正常蓄水位＋温降＋其他恒载	1.2	3.42	1.19	4.29	1.31	4.15	拉应力不大于 1.2MPa；最大压应力不超过混凝土允许压应力
特殊组合 1：校核洪水位＋温升＋其他恒载	1.27	4.77	1.31	4.75	1.42	4.71	拉应力不大于 1.5MPa；最大压应力不超过混凝土允许压应力

（3）第五坝段基础对拱座抗滑稳定影响敏感性分析。将 5 号坝段坝基变模 E_0 分别仍设定为 15GPa、5.5GPa 和 0.5GPa，用刚体极限平衡法（抗剪断公式）分析了典型工况下拱座抗滑稳定性受 5 号坝段坝基变模影响的敏感性（表 5-4）。

表 5-4　　左溪水电站右坝肩抗滑稳定敏感性分析表（各层各工况最小安全系数）

型　式	$E_0=15$GPa		$E_0=5.5$GPa		$E_0=0.5$GPa		规范允许值
	底裂面为层面	底裂面为水平面	底裂面为层面	底裂面为水平面	底裂面为层面	底裂面为水平面	
基本组合 1：正常蓄水位＋温降＋其他恒载	2.94（600.00m 高程）	2.40（660.00m 高程）	2.93（600.00m 高程）	2.39（660.00m 高程）	2.93（660.00m 高程）		基本组合时为不小于 3
基本组合 2：正常蓄水位＋温升＋其他恒载	2.92（600.00m 高程）	2.55（660.00m 高程）	2.92（600.00m 高程）	2.54（660.00m 高程）	2.91（660.00m 高程）	2.54（660.00m 高程）	
特殊组合 1：校核洪水位＋温升＋其他恒载		2.40（660.00m 高程）		2.39（660.00m 高程）		2.39（660.00m 高程）	特殊组合时为不小于 2.5

左岸坝肩岩层层面倾向取北东33°，倾角取40°；岩层（作为底裂面）抗剪参数 $f'=0.4$，$c'=0.20\text{MPa}$；非岩层（作为底裂面或侧裂面）抗剪参数 $f'=0.7$，$c'=0.5\text{MPa}$。右岸坝肩岩层层面倾向取北东33°，倾角取40°；岩层抗剪参数 $f'=0.45$，$c'=0.22\text{MPa}$；非岩层抗剪参数 $f'=0.9$，$c'=0.8\text{MPa}$。考虑“岩层层面底裂面＋铅垂侧裂面”和“水平底裂面＋铅垂侧裂面”两种破坏形式，自某拱圈高程至坝顶高程构成多拱圈台阶形滑裂体，各拱圈高程上侧裂面方向取各自的最不利方向（通过试算确定），采用刚体极限平衡法计算坝肩稳定安全系数，取两种破坏模式中安全系数较小的作为计算结果。滑裂面上的扬压力假定为三点折线分布：坝踵下方扬压力取上游全水头，滑出点扬压力取零（滑出点低于下游水位时滑出点扬压力取下游全水头），坝趾下方扬压力取0.1倍的坝踵坝趾水头差。

右坝肩存在部分高程安全系数不符合规范要求，但安全系数对 E_0 不敏感，3种 E_0 情况下安全系数变化不大。这样计算结果的主要原因是由于拱坝结构的整体效应较强，河床坝段因局部坝基软弱而无法承担的荷载可很好地转移给相邻坝段，并转移至两岸坝肩，而因所转移的荷载数量不大，对坝肩稳定的影响并不显著。

2. 右坝肩抗滑稳定问题

(1) 拱座抗滑稳定分析及坝体体型调整。从表5-5可以发现，右坝肩抗滑稳定安全系数不符合规范要求，经分析决定采用拱坝体形调整来提高坝肩抗滑安全系数。但当时右坝肩最高已浇筑至623.50m，623.50m高程以下不能同步调整，影响了坝体体型的光滑性，调整的余地受到一定限制。从623.50m高程开始至坝顶高程，加大原设计拱圈曲线的曲率半径，使拱端位置向上游方向移动，直到满足坝肩稳定性要求为止。调整后使中心角略有减小，拱圈与基岩交角略有增大，对提高坝肩稳定的效果较好。经对调整后的拱坝进行拱座抗滑稳定分析，左、右坝肩抗滑稳定安全系数均符合规范要求。

表5-5　　左溪水电站体型调整后右坝肩抗滑稳定安全系数

型　式	591.00m		600.00m		660.00m		规范允许值
	底裂面为层面	底裂面为水平面	底裂面为层面	底裂面为水平面	底裂面为层面	底裂面为水平面	
基本组合1：正常蓄水位＋温降＋其他恒载	3.98	4.21	3.63	6.01	65.33	35.21	基本组合时为不小于3
基本组合2：正常蓄水位＋温升＋其他恒载	3.73	6.53	3.85	6.11	7.02	5.31	
特殊组合1：校核洪水位＋温升＋其他恒载	3.23	4.22	3.88	4.68	6.01	4.01	特殊组合时为不小于2.5

(2) 右坝肩加固。右岸坝后 620.00m 高程以下边坡陡立，紧贴坝后有一条垂直的裂隙密集带，其中有水渗出，但未见明显有软化泥质物。该密集带下游有一组倾向岸外偏下游的裂隙，这些岩体自身稳定性裕度不大，却属于坝肩抗力岩体范围之内，提供抗滑力。右坝肩下游抗滑岩体分布范围较小，坝肩开挖又造成部分岩体脱落。蓄水后岸坡内可能有较高水压力，若陡立边坡有局部岩体脱落，立即会使右坝肩安全系数降低，因此需对右坝肩进行适当加固，采用做贴坡混凝土挡墙加系统锚杆和排水孔的加固处理方案。挡墙采用 C20 混凝土，厚度 2m，顶部高程 635.00m，底部高程 594.00m，顺水流方向长度 15m。挡墙与山体通过 ϕ25@3000 锚杆及 ϕ10@150 表面钢筋网连接。挡墙表面按 3m 间距梅花形布置，孔深 6m，孔口采用反滤土工布包裹（图 5-16）。

左坝肩抗滑稳定安全系数基本满足规范要求，仅对坝后被洪水冲出的岩石进行了回填保护。

图 5-16 右坝肩加固后的西乡县左溪水电站大坝

3. 溢洪道调整

为减少泄流水舌对左岸岸坡及坝后交通的影响，将溢洪道沿拱圈中心线整体向右岸移动 5m，此外，左右侧导墙在拱圈径向方向的基础上，再向下游河流中心线偏转 6°。导墙偏转后溢流水舌的向心集中程度更加显著，经设计单位对下游冲刷安全进行复核，基本符合规范要求。

4. 进水口改造

发电洞进水口底板高程较低，存在淤堵及泥沙进入机组的可能。最终决定将进水口底板高程抬高至 625.00m 高程（30 年淤积高程以上），通过龙抬头与原隧洞连接。

5. 增设放空设施

经与将导流洞改建为泄洪冲沙兼放空洞的技术经济比较，最终将左岸施工期交通洞改建为放空洞。

6. 增设部分安全监测设施

由于工程基本建成，无法按规范要求设计和安装监测设施，增设了位移监测，无法设置渗流、扬压力、应力、应变等监测（图 5-17）。

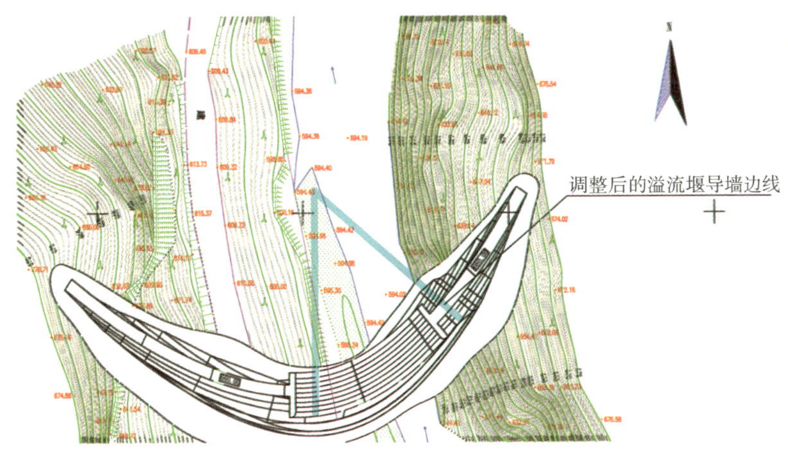

图 5-17　左溪水电站泄洪建筑物布置

7. 完善其他管理设施

（1）上坝路及左右岸交通。泄洪时，因雾化及挑流水舌影响，人员将无法到达坝后进行抢险。也未设计上坝交通，大坝左右岸也未连通。后按要求增加了上坝道路，在溢流堰顶架设交通桥，连通了左右岸。

（2）生态放水管。生态流量泄放标准是 $0.3m^3/s$ 左右，生态放水管安装高程较低，出口有蝴蝶阀控制。实际运行中发现放水时雾化严重，建议研究装设 0.2MW 左右小机组一台。

5.7　西流河宁强县二郎坝梯级水电站

5.7.1　工程概况

1. 工程位置

二郎坝梯级水电工程位于陕西省汉中市宁强县二郎坝乡境内，由天生桥水库枢纽、三级四座电站组成，一级为天生桥水电站，二级为二郎坝水电站，三级为卧龙台水电站（一期、二期）。天生桥水库及首级电站距宁强县城 35km，最后一个梯级卧龙台水电站距县城 16km。

2. 主要技术经济指标

三级电站建成时总装机 50MW，设计多年平均发电量 19980 万 kW·h。2013 年完成增效扩容改造后，总装机达到 53.05MW。

（1）天生桥水库。龙头水库——天生桥水库地处水田坪乡西流河大生桥处，系利用封堵天然暗河形成山体挡水的水库。水库正常蓄水位 1180m，兴利库容 5030 万 m^3；死水位 1140m，死库容 1300 万 m^3；设计洪水位 1180.64m，校核洪水位 1185.20m，汛限水位 1177m，水库总库容 7760 万 m^3，调洪库容 2110 万 m^3；水库回水长度 14.9km，水面宽 100～300m，水库面积 $2.42km^2$（图 5-18）。

水库枢纽为Ⅲ等中型工程，按 50 年一遇洪水设计、500 年一遇洪水校核。

(2) 天生桥水电站。天生桥水电站位于距暗河出口约 150m 的西流河左岸。电站设计水头 80m，设计流量 $17.19m^3/s$，装机容量 12MW，设计多年平均发电量 4110 万 kW·h。主要建筑物包括主副厂房、变电站、尾水工程。电站尾水池正面与二级电站输水洞闸室相接，左侧为溢流侧堰与涵洞相接。

(3) 二郎坝水电站。二郎坝水电站位于宁强县二郎坝乡黄家湾，距宁强县城约 30km。一级电站尾水经 5.66km 隧洞引至二郎坝水电站，为引水式电站。电站工程由引水隧洞、压力前池、溢流侧堰及退水箱涵、压力钢管和电站厂房 5 个部分组成。电站设计水头 60.9m，设计流量 $14.5m^3/s$，装机 7.5MW，设计多年平均发电量 2940 万 kW·h（图 5-19）。

图 5-18　天生桥水电站

图 5-19　二郎坝水电站

(4) 卧龙台水电站。卧龙台水电站是二郎坝水电工程梯级开发的第三级电站，位于宁强县城东南 16km 高寨子镇的卧龙台（图 5-20）。二级电站尾水经引水渠道、分水岭隧洞将水引至卧龙台压力前池，引水流量 $15.22m^3/s$（含雷家湾渠首补水）。一、二期总装机容量 30.5MW，一期工程装机 8MW（2×4MW），设计流量 $4.08m^3/s$，设计水头 248.89m，于 1989 年 11 月建成发电。二期工程装机 22.5MW（2×11.25），设计流量 $11.14m^3/s$，设计水头 235m。尾水汇入玉带河。二郎坝梯级水电站工程特性见表 5-6。

表 5-6　　二郎坝梯级水电站工程特性表

序号及名称	单位	数量	备注
一、水文			
1. 河流水系		西流河	嘉陵江二级支流
省内面积	km^2	852.2	
坝址以上	km^2	397	
2. 多年平均年径流量	亿 m^3	2.4	
3. 代表性流量			
多年平均流量	m^3/s	7.11	
设计洪水流量（$P=2\%$）	m^3/s	2470	

续表

序号及名称	单位	数量	备注
校洪水流量（$P=0.2\%$）	m^3/s	3890	
4. 洪量			
设计洪量（二日）	亿 m^3	1.07	
校核洪量（二日）	亿 m^3	1.68	
5. 泥沙			
多年平均输沙量	万 t	29	包括推移质 15%
多年平均含沙量	kg/m^3	1.03	
二、天生桥水库			
1. 水库水位			
校核洪水位（$P=0.2\%$）	m	1185.2	
设计洪水位（$P=0.2\%$）	m	1180.7	
汛限水位	m	1177	
正常蓄水位	m	1180	
死水位	m	1140	
2. 正常蓄水位时水库面积	km^2	2.42	
3. 回水长度	km	14.9	
4. 水库面积	km^2	2.42	
总库容	亿 m^3	0.78	
调节库容	亿 m^3	0.211	
兴利库容	亿 m^3	0.503	
死库容	亿 m^3	0.13	
5. 库容系数	%	21	
6. 调节特性		年调节	
7. 水量利用系数	%	89	
三、水库下泄流量			
1. 设计洪水流量	m^3/s	1900	1180.7m 高程
2. 校核洪水流量	m^3/s	2765	1185.2m 高程
四、工程效益指标			
1. 装机容量	MW	50	
其中：天生桥电站（一级）	MW	12	坝后式
二郎坝电站（二级）	MW	7.5/8.55（改造后）	引水式

续表

序号及名称	单位	数量	备注
卧龙台电站（三级）	MW	30.5/32.5（改造后）	引水式，一期 8MW
2. 发电量	万 kW·h	19980	

图 5-20　卧龙台水电站

3. 工程建设过程及发展过程

陕西省早在 20 世纪 60 年代就开始进行二郎坝工程规划研究，1976 年在选坝中发现天生桥坝址，实为世所罕见，1978 年原水电三局设计队和宁强县水电局合编《陕西省宁强县引嘉入汉水利水电工程初步设计报告》。

（1）一期工程。1975 年，宁强县在西流河天生桥坝址下游约 2km 的雷家湾建设一座砌石低坝拦水，开凿近 8km 的引水渠道和隧洞，经过近 10 年的建设，于 1984 年 10 月 12 日终于将西流河水调入玉带河。1989 年 11 月卧龙台水电站（一期）建成发电，装机 8MW。卧龙台水电站（一期）由西北水电勘测设计研究院设计。

（2）主体全面建设。1988 年 11 月，完成了《天生桥水库梯级水电站工程项目建议书》，1991 年 4 月 9 日省计委下达了“宁强二郎坝引嘉入汉水利工程开工通知”，同年工程做开工准备工作，并列为省“八五”重点项目。1994 年 5 月枢纽工程的发电放空洞率先开工兴建。1997 年 5 月，三级电站全面开工，到 1999 年 8 月主体工程基本完工，当年 8 月 22 日通过下闸蓄水验收，8 月 28 日首台机组（卧龙台电站 4 号机组）并网发电。11 月 3 日，省政府在卧龙台电站举行了二郎坝水电工程投产发电庆典仪式，省长程安东为投产剪彩。

（3）增效扩容技术升级改造。经过 10 多年运行，二郎坝自动化水平偏低，故障时有发生，设备老化和淘汰问题日益显现，通信设施不能满足监控系统的网络控制需要，影响到整个工程安全运行和综合效益的发挥。从 2012 年开始，对二郎坝、卧龙台一期及梯级水电站自动化系统进行了升级改造，实现了集中控制和远程控制，机组效率明显提高，自动化水平大幅提升，处在全省前列。

4. 电站运行情况

自 2000 年 6 月 14 日三级电站 10 台机组全面投入发电运行以来，大坝经受了超设计洪水（在校核洪水范围内）的检验。经受 2008 年“5·12”汶川地震考验，水工建筑物运行正常，机组安全稳定运行。2011 年发电量达到 2.6 亿 kW·h，远超设计发电量。

二郎坝水电站年平均发电量 2 亿 kW·h，累计发电量 15 亿 kW·h 年上缴税收 1000 多万元，还承担系统调峰任务，为当地工农业经济发展做出了重大贡献。年平均调入玉带河水量，使玉带河径流量提高了53%，日平均最小流量由0.177m^3/s提高到5.827m^3/s，调水增加了玉带河的水资源，对水环境和生态环境带来非常有利的影响，使下游农田灌溉、工业用水和水电站也得以受益。二郎坝水电站的建成解决了当地用电问题，至今还以0.35元/kWh为当地群众供电。

5.7.2 工程主要技术特点

1. 工程规划

从20世纪60年代即开始研究二郎坝梯级水电站规划，该工程规划较为成功。

(1) 规划跨流域调水。二郎坝梯级水电站属跨流域调水工程，属"引嘉入汉"工程一部分，从嘉陵江支流西流河调水到汉江支流玉带河，利用其间形成的400m落差建设三级四座水电站（图5-21）。提高玉带河、汉江梯级水电站发电量，并解决了勉县、宁强等地灌溉及工业用水，发挥了较大的社会效益。

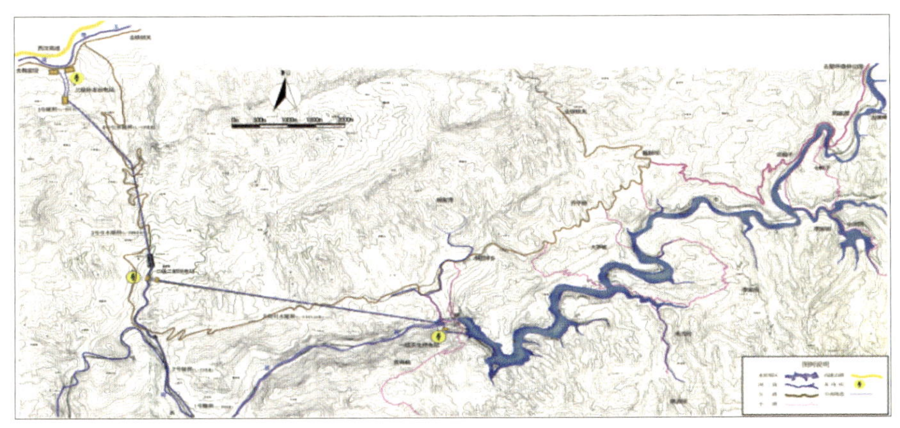

图5-21 二郎坝工程规划示意图

(2) 规划梯级龙头水库。水库正常蓄水位1180m，兴利库容5030万m^3，具有多年调节能力。汛限水位1177m，水库总库容7760万m^3，调洪库容2110万m^3。电站承担调峰任务。

2. 水库枢纽

水库枢纽工程由混凝土拱堵头、副坝及古河道截渗墙、山体防渗帷幕、右岸泄洪洞、左岸发电放空洞组成。

(1) 暗河拱堵头。由于枢纽区岩溶发育，西流河在天生桥梁处截弯取直穿山而过，形成长约225m、宽30.5～55.5m、高25～28.5m的暗河，顶部山体雄厚，达百米以上，右岸古河道地面高程1180m，与暗河河底高程1078.00m相差上百米。利用这一奇特的地形条件，封堵暗河，形成总库容为7760万m^3的中型水库。

1) 堵头设计方案。初步设计阶段，对暗河堵头提出过重力式堵头、单曲拱堵头和双曲拱堵头3个方案，设计单位采用十字交叉拱法、拱冠梁法和纯拱法，对双曲拱堵头进行了大量的计算，通过一系列的对比，最终确定采用双曲拱堵头。由于堵头工程尺寸及体形结构的特殊性，且尚无适合的理论计算依据和可供借鉴的类似工程，为确保工程设计安全可靠，在1994年专门向朱伯芳院士进行了咨询，于1996年2月，邀请林伯铣、曹楚生等数十位国内知名专家，召开了天生桥水库工程暗河堵头工程咨询论证会，会议决定最终采用双曲球壳结构拱堵头方案。

拱堵头位于暗河中部，为一定圆心、定半径、变中心角、等厚度的双曲线球壳结构，壳体厚度18m，外半径50m，内半径32m，球心高程1089.00m，最大水平中心角2×40°，最大竖直角2×28.2°，最大水平拱跨56.2m，最大竖直拱跨39.6m，堵头建基面最低高程1065.37m，承受的最大水头120m，上游面承受总推力约16.5万t。

2）堵头施工。由于暗河顶部基岩地质条件差、开挖难度大，根据专家咨询意见，将堵头顶拱与基岩的连接弱化和简化计算分析，顶拱开挖深度由原设计的10m改为3m，堵头混凝土量由原来的3.2万m^3减至2.8万m^3。修改后的体型结构局部应力有所增加，但应力范围小，对堵头安全稳定尚不构成威胁。为降低混凝土水化热和减少水泥用量，采用掺加HEA膨胀剂的低热微膨胀混凝土配合比，进行J3层以上混凝土浇筑。在1084.5m高程增设3m×3.5m（宽×高）灌浆廊道，长50.4m，与左右岸底层灌浆洞相通。由于拱堵头位于暗河中部，施工场面狭窄，而最大混凝土浇筑强度要求达到70m^3/h，在大型机械无法进入、道路拥挤的情况下，难以达到设计浇筑强度。根据施工现场实际和施工单位设备能力，不得已将浇筑层最大厚度由3.5m改为1.5m，改通仓平铺法浇筑为台阶法浇筑。

3）堵头施工质量事故处理。堵头混凝土于1997年4月开始浇筑，1998年5月12日浇筑至1091m高程时，一场洪水过后发现已浇筑混凝土存在严重的质量问题，危及到堵头运行期的安全。主要原因是施工单位设备陈旧，到位率差，实际入仓强度仅为25.4m^3/h，满足不了堵头施工设计的入仓强度70m^3/h的要求。采用汽车入仓，推土机平仓，违反操作规程，加之振捣不密实，造成质量事故。为确保工程安全，保证工程按期完工，对拱堵头工程采取了“上游防渗、坝体灌浆、下游加固”的综合补强加固方案，将堵头混凝土通仓平铺浇筑改为通仓台阶法浇筑。堵头上游面防渗，采用粘贴PVC复合土工膜，土工膜上游堆填厚度不小于2m的黏土保护层。对坝体进行灌浆，灌浆分两个阶段3种材料进行：第一阶段先采用425号膨胀水泥和湿磨水泥灌浆，灌浆进尺3365m；第二阶段采用化学材料进行补强防渗灌浆，灌浆进尺1306m。下游加固圈从堵头下游面桩号0＋030～0＋006，结合围岩地形地质条件，设计为城门洞型，顶部为变截面钢筋混凝土护拱，长24m，跨度22m，高16m，加强圈采用标号200号混凝土，拱圈以外部分均用混凝土回填，两侧墙厚8～12m，底板厚5～10m，布设表面钢筋网。

（2）副坝。副坝坐落在暗河进口右侧的古河道上，古河道地形呈宽缓的槽形，底宽100m，高程1180.00m，两侧为35°，缓坡至1250.00m，全为崩坡积物覆盖，以上为巨厚层砾岩和砂岩的峻坡基石，古河道基岩高程在1137.00m左右。坝型为黏土塑性混凝土心墙坝，坝顶高程1187.00m，坝长210m，坝顶宽13m，建筑物等级为3级。坝体填筑在原古河床上进行，填筑高度6～7m，设计干容重1.68t/m^3。副坝防渗墙位于坝轴线上游侧，穿过填筑层和古河床覆盖层，嵌入基岩中1.0m，墙顶高程1181.50m，墙底最低高程1135.86m，平均墙深31.1m，墙总长193.3m，厚度0.8m。

（3）泄洪洞。泄洪洞位于天生桥暗河右岸，是水库枢纽的唯一泄洪建筑物。设计泄洪量

（$P=2\%$）为 $1900m^3/s$，校核泄洪流量（$P=0.2\%$）为 $2760m^3/s$，单宽流量为 $277m^3/s$，最大流速 38m/s。建筑物等级为 3 级。

洞轴线距暗河右岸 35～50m，进口位于古河道左岸山坡上，洞身穿越天生桥山梁，出口位于古河道出口。工程由进口引渠段、闸室段、洞身段和出口明槽段四部分组成，为无压明流隧洞。从进口引渠底板前沿至挑流鼻坎末端水平长度为 380.77m。其中进口引渠段长 21.5m，闸室段长 21.8m，隧洞长 273.3m，出口护拱长 30m，出口明槽挑流段长 34.27m。进口为开敞式溢流堰，喇叭口宽 35.95m，底板高程为 1160m，左、右导墙顶高程 1187m，闸室座底宽 14m；闸室溢流堰宽 14m，溢流堰为 WES 型，溢流堰顶高程 1163m，闸墩顶高程 1187m，堰顶设有 14m×17m（宽×高）、曲率半径为 21m 的弧形钢闸门；隧洞洞身上段为 1∶2 的陡坡渐变段，底宽由 14m 变为 10m，洞高由 16.5m 变为 14m，陡坡以下洞身宽 10m、高 14m；出口明槽挑流段，隧洞出口 30m 护拱，之后洞线即向左转，弯道半径 50m，中心角 45°，挑流斜坎设于弯道末端，将水流挑向西流河心。

泄洪洞轴线东西向平行河流，穿越天生桥山梁，就泄洪洞所在位置和地形条件，方案是优越的。但从施工开挖揭示的地质条件看，溶蚀裂隙 f_8、断层 F_2 及沿 F_2 发育的岩溶、裂隙对泄洪洞工程十分不利，尤其是施工揭示的 F_2 断层的出露位置较前期地勘认定的位置南移逾 20m，正好经泄洪洞进口左边墙穿越洞身，对大洞室、高流速的泄洪洞进口和洞身的施工及工程安全很不利。进口高边坡，基岩非常破碎，两组近垂直的构造裂隙严重切割，呈强风化，而泄洪洞出口右侧基岩面降低且向山体方向内缩（图 5-22）。

图 5-22　天生桥水库泄洪洞

为保证工程安全，增加了进口高边坡削头、削坡、锚固处理，出口挖除覆盖层，增设高大挡土墙，对出口侧边坡增设一高 29m 的挡土墙，并将隧洞出口 30m 明槽增以一拱跨为 14m 的变截面钢筋混凝土护拱，最小拱厚 0.5m、最大拱厚 0.75m，确保出口施工及运行的安全。对进口引渠和闸室基础进行了固结灌浆、桩基等加固处理，提高地基承载力。洞身进口不良地质段（0+000～0+96.57）由于受 F_2 断层的影响，洞室围岩破碎，洞底溶沟、溶洞发育，施工中对顶拱采用小导洞扩挖成拱，超前锚固、大型钢桁架 200 号混凝土喷护，结合型钢支撑形成顶拱，最后采用钢筋混凝土全断面加强衬砌。

（4）发电放空洞。发电放空洞布置在西流河左岸，系竖井式进水口有压隧洞，承担发电引水、水库放空及施工导流的任务。发电放空洞由进口喇叭段、闸室段、洞身段、出口段、发电支洞及导流洞组成。

(5) 山体防渗。山体防渗帷幕与暗河拱堵头、古河道副坝共同组成枢纽的挡水建筑物。山体防渗帷幕设计水头100m，设计单位吸水率$\omega \leqslant 0.03L/(min \cdot m \cdot m)$，幕顶高程1181m，最低幕底高程1030m，最大幕深151m，帷幕线起自暗河左岸F_1断层，基本南北向穿越导流洞、发电放空洞与堵头相接，幕线过堵头后穿越溢洪洞进口前缘，然后平行洞轴线布设西向幕线57m，又折向北西基本平行天生桥梁走向与副坝防渗体相接，幕线穿越古岸河道后进入右岩山崖50m即终止。

帷幕分3层。上层帷幕钻灌高程1186～1187m，中层钻灌高程1131m，底层钻灌高程1085m，由各层灌浆廊道进行钻孔和灌浆，上层廊道洞身断面尺寸为（宽×高=2.5m×3m），中层和底层廊道洞身断面尺寸为3.0m×3.5m。上层幕线长804.6m，单排布孔共394孔，灌浆进尺18112.09m；中层幕线长808.6m，双排布孔共668孔，灌浆进尺33150m；底层幕线长375m，双排布孔共322孔，灌浆进尺15568.5m；帷幕灌浆总进尺66830.59m。

3. 梯级集中控制中心

在宁强县城宁强二郎坝水力发电公司综合办公楼内设置梯级监控中心（图5-23），梯级调度系统能够实现“遥测、遥信、遥调、遥控、遥视”等远方监测、操作功能，完成自动发电控制（AGC）、自动电压控制（AVC）、有功功率联合控制、经济运行（EDC）、趋势分析、人工智能故障分析以及完成事故处理、仿真培训等任务。对各被控梯级水电站的运行实现直接集中监视、控制、调度的技术和运行管理方式，现场不安排常规值班人员，只留安全保卫、应急处置人员，真正实现无人值班、少人值守。梯调计算机监控系统直接与各梯级电站的现地单元联系，系统采用了PLC直接接入总线。梯调的主控层以太网采用光纤以太网方式，实现通信通道热备用冗余，突出了系统高可靠性。

图5-23　二郎坝水电站集控中心

4. 机组选型及改进

二郎坝水电站增效扩容改造后，装机容量由3×2.5MW增加为3×2.85MW，水轮机转轮更换为HLA810型，对导水机构、顶盖等相关部件进行改造，主轴密封机构材质由铝制改为不锈钢制。卧龙台一期装机容量由2×4MW增加为2×5MW。改造后，宁强二郎坝梯级水电站总装机容量由50MW增大到53.5MW。

二郎坝电站扩容后，设计引用流量由 14.51m^3/s 增大达到 16m^3/s，打通了制约天生桥一级电站与卧龙台三级电站发电效益“瓶颈”。天生桥一级电站按照 17.19m^3/s 进行发电，发电尾水扣除下泄河道（丰水期 1m^3/s、枯水期 0.41m^3/s）生态流量后，以 16m^3/s 的流量进入二郎坝电站发电，二郎坝发电尾水在汇入雷家湾枢纽 0.72m^3/s 流量后，进入卧龙台电站，卧龙台电站按 16.72m^3/s 设计流量进行发电，二郎坝电站扩容后梯级电站总增加发电量为 808.79 万 kW·h/年。通过改造后的运行情况来看，在水库高水位时，天生桥电站 3 台机组出力达到 12.9MW，比往年高出 0.6MW，卧龙台 4 台机组出力达到 33.2MW，比往年高出 1.8MW，水库低水位时，天生桥机组出力下降，但可按 17.19m^3/s 控制机组用水量，二郎坝、卧龙台电站机组出力不变。因此，二郎坝增效扩容后，对于三级电站发电效益增加明显。卧龙台一期、二期水电站厂房如图 5-24 所示。

图 5-24 卧龙台一期、二期水电站厂房

5.8 巴水河西乡县曲江洞水电站

5.8.1 工程概况

1. 工程位置

曲江洞水电站位于汉中市西乡县大河镇境内，嘉陵江支流巴水河干流上，距西乡县城 110km。

2. 主要技术经济指标

曲江洞水电站工程主要任务和作用是水力发电。最大坝高 18m，水库总库容 28.9 万 m^3，引用流量 3.64m^3/s，设计水头 336m，电站总装机容量 10MW，设计多年平均发电量 3730 万 kW·h，年利用小时 3730h。

曲江洞水电站工程为Ⅳ等小（1）型工程，引水枢纽及厂房按 4 级设计，次要建筑物为 5 级。枢纽防洪标准按 30 年一遇洪水设计、200 年一遇洪水校核，电站厂房按 30 年一遇洪水设计、100 年一遇洪水校核。工程抗震设防烈度为Ⅵ度。

3. 建设及运行情况

曲江洞水电站工程由西乡县丽阳水电开发有限公司投资建设及运行。设计单位为汉中市水利水电建筑勘测设计院。

1993 年 4 月，汉中地区计委以汉地计发（1993）77 号文件对该工程的可行性研究报告进行了批复；2000 年 8 月，省水利厅以陕水电发〔2000〕21 号文对该工程初步设计报告进行了批复。2004 年 5 月动工，2008 年 10 月完工。2010 进行了竣工验收。

曲江洞电站自 2008 年 10 月 1 日两台机组全部投运以来，机组温度、震动、噪声等参数正常，经过汛期洪水考验，各水工建筑物运行基本正常，金属结构运行情况基本正常。

5.8.2 工程设计及建设技术特点

1. 工程水文及地质概况

巴水河发源于西乡县河西镇的罗家沟，下游流经镇巴县，在毛家河进入四川境内，又称界河。流域形状呈南北长、东西短的狭长形。巴水河在西乡境内河长 34.75km，流域面积 $328km^2$，河道平均比降 20.72‰；镇巴县境内河长 15.25km，流域面积 $92km^2$，河道平均比降 8‰。坝址多年平均径流量 3.78 亿 m^3，平均流量 $11.98m^3/s$。

图 5-25 曲江洞水电站

工程区位于大巴山区，属于强至中等切割的侵蚀峡谷地貌单元。分水岭海拔高程在 1100～2000m 之间，东北高、西南低，相对高差 900m。沟谷断面形态以不对称的 V 形谷为主。河床高程在海拔 520～660m 之间。在区域地质构造系统上处于秦岭地槽与杨子准地台结合部的秦岭地槽区紫阳中锋褶皱束西北端，褶皱构造发育，岩石产状多变，岩体侵入活跃，主控构造受加里东期 NWW 向褶皱系与燕山期 NNW 向褶皱系复合叠加和加里东期岩浆侵入的共同作用，主体构造线为 NW 向延伸，局部出现倒转。区内主要岩系为上元古震旦系—古生代寒武系碎屑化学岩系和松散第四系堆积岩系。区域构造稳定性较好。

2. 工程总布置

曲江洞电站是利用米仓山南坡岩溶地下暗河水力资源的引水发电工程，由溶洞拱堵头、引水隧洞、压力管道、电站主副厂房及升压站等组成（图 5-25）。拱堵头、进水口布置在天然溶洞曲江洞内，压力引水隧洞在左岸山体中布置。

3. 枢纽

拱堵头断面为 20m×19.2m、厚 11m，堵头底部设有放空管及排沙口。溢洪道位于堵头（暗河）右上方，全长 125m；该工程溢洪道为明流弯道，且越到出口泄槽断面逐渐收缩，运行中可能存在折冲水流，流态紊乱，应加强溢洪道及出口消能冲刷情况的观测及维护（图 5-26）。

在实际施工中，泄洪道左侧帷幕灌浆未做，应对取消帷幕做进一步论证，并加强观测，必要时应设法补灌或采取其他措施，以确保安全。

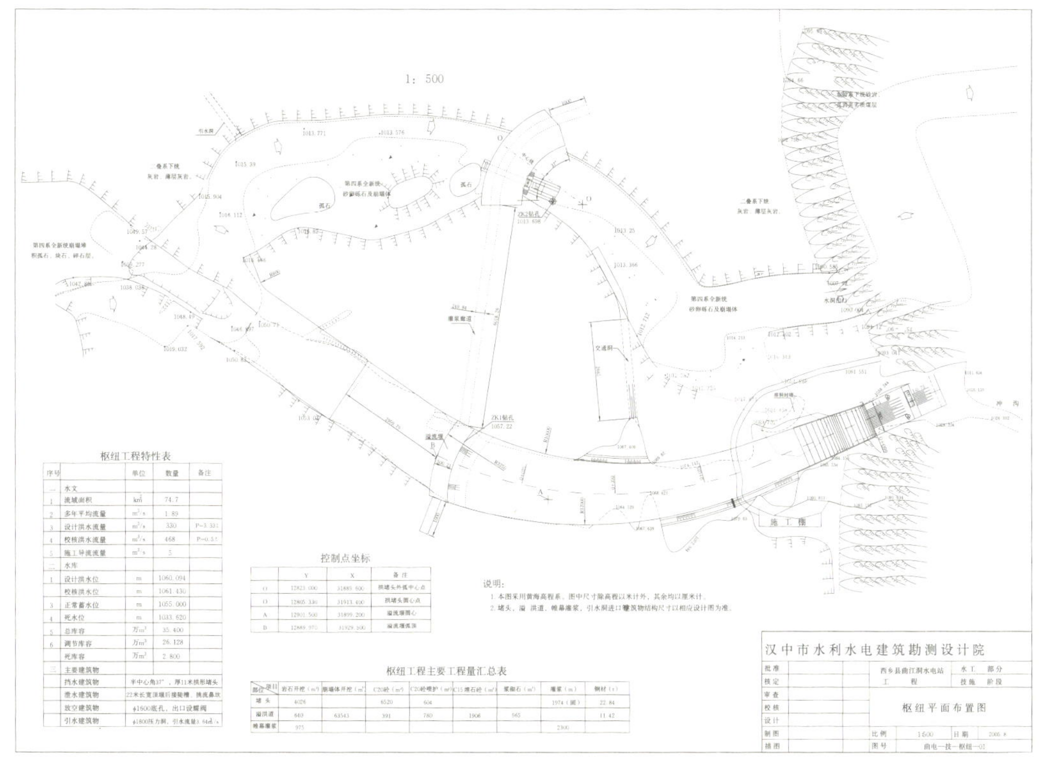

枢纽工程特性表

序号		单位	数量	备注
一	水文			
1	流域面积	km^2	74.7	
2	多年平均流量	m^3/s	1.89	
3	设计洪水流量	m^3/s	330	P=3.33%
4	校核洪水流量	m^3/s	468	P=0.5%
5	施工导流流量	m^3/s	5	
二	水库			
1	设计洪水位	m	1060.094	
	校核洪水位	m	1061.430	
3	正常蓄水位	m	1055.000	
4	死水位	m	1033.620	
5	总库容	万m^3	35.400	
6	调节库容	万m^3	26.128	
	死库容	万m^3	2.800	
三	主要建筑物			
	挡水建筑物	半中心角37°，厚11米拱形堵头		
	泄水建筑物	22米长宽顶堰后接陡槽，挑流鼻坎		
	放空建筑物	ϕ1600底孔，出口设蝶阀		
	引水建筑物	ϕ1800压力洞，引水流量3.64m^3/s		

控制点坐标

	Y	X	备注
O	12823.000	31885.600	拱堵头外弧中心点
O	12805.330	31913.400	拱堵头圆心点
A	12901.500	31899.200	溢流堰圆心
B	12889.970	31929.500	溢流堰弧顶

枢纽工程主要工程量汇总表

部位＼项目	岩石开挖（m^3）	崩塌体开挖（m^3）	C20砼（m^3）	C20砼喷护（m^2）	C15埋石砼（m^3）	浆砌石（m^3）	灌浆（m）	钢材（t）
堵头	4026		6520	604			1974（固）	22.84
溢洪道	640	63543	391	780	1906	565		11.42
帷幕灌浆	973						2300	

图 5-26　曲江洞水电站枢纽布置

4. 引水系统

（1）引水隧洞。压力引水隧洞总长2650m，断面为圆形，直径2.4m。全断面进行衬砌。引水洞出口段原设计采用ϕ1500mm钢管内衬，出口与ϕ1200mm压力管道相连，经各参建单位研究，ϕ1500mm钢管直径调整为ϕ1400mm，该管道上1号进人孔与压力管道连接1号渐变管作相应调整。引水洞开挖后，在0+281.6～0+289.0段地下水丰富，泉水流出有的如大雨，严重影响混凝土衬砌，工程技术人员和施工队进行研究、试验，采取个别泉眼集中打孔用空心管顺出，隧洞衬砌完工后，用环氧树脂砂浆封堵，效果显著。电站引水隧洞无事故（快速）闸门及事故放空设施，应尽快研究解决措施。

图 5-27　曲江洞水电站压力管道

（2）调压井。原设计有调压井，经过建设方、设计方多方咨询研究考察，决定改调压井为调压管，这样既降低了施工难度，缩短了工期，大大降低了工程造价。

（3）压力管道。压力管道排水设施及巡检通道需进一步完善，加强对管床及镇、支墩日常维护，确保安全，如图5-27所示。

5. 装机规模

曲江洞水电站原设计的装机容量 6.4MW（2×3.2MW），后经批准变更为 10MW（2×5MW）。设计发电量由 3100 万 kW·h 增加到 3730 万 kW·h。根据投产以来发电情况，实际最高年利用小时超过 4000h，装机容量变更是合理的。

5.9 滔河岚皋县金淌水电站

5.9.1 工程概况

1. 工程位置

金淌水电站工程位于岚皋县境内汉江二级支流岚河一级支流的滔河上，滔河坝址位于茨竹乡上游 7.0km 处，厂址在金淌乡上游 1.0km 处，距岚皋县城 20km，距安康市 85km，四季河引水枢纽坝址位于四季乡下游 3.0km 的四季河干流上。

2. 主要技术经济指标

金淌水电站总装机容量为 15.5MW，设计年发电量 7200 万 kW·h，年利用小时 4645h。

金淌水电站工程属Ⅳ等小（1）型工程，主要建筑物按 4 级设计。两个挡水坝按 30 年一遇洪水设计、200 年一遇洪水校核；厂房按 50 年一遇洪水设计、100 年一遇洪水校核。工程抗震设防烈度为Ⅵ度。

3. 建设及运行情况

金淌水电站工程于 1998 年 12 月 5 日开工，2002 年 4 月 20 日完工。金淌水电站自投运以来运行稳定，水工设施及机电设备运行正常。

5.9.2 工程主要技术特点

1. 工程规划及总布置

金淌水电站工程是不同引水系统、不同类型的两个水电站共用一个发电厂房、开关站、一套管理运行系统的水电站。金淌水电站主要由滔河引水系统、四季河引水系统、电站厂区枢纽、送出工程和生活区等组成。

滔河坝址以上流域面积 330km^2，多年平均流量 8.38m^3/s。设计水头 144.5m，设计引水流量 8.91m^3/s，装有 3 台单机容量为 3.5MW 的立式混流式机组，为径流式电站。

四季河坝址上流域面积 72.5km^2，多年平均流量 1.84m^3/s，总库容 6.33 万 m^3，调节库容 3.85 万 m^3，为日调节电站。电站设计水头 357m，设计引用流量 1.8m^3/s。装有两台单机容量为 2.5MW 的冲击式机组，装机容量 5MW，设计多年平均发电量 2450 万 kW·h，年利用小时 4900h。

金淌水电站枢纽建筑物主要由滔河引水系统、四季河引水系统、电站厂房及开关站组成。

2. 引水系统

（1）滔河系统。滔河引水系统为无压引水，包括滔河挡水坝、引水隧洞、前池、埋管等建筑物。浆砌石重力溢流坝堰顶高程 686.00m，最大底宽 11.30m，最大坝高 11m，坝长 79m。两孔泄洪闸孔口尺寸 4m×6m，底槛高程 678.00m。设计引用流量 $10m^3/s$，进水口底板高程 683.50m。进水口设拦污栅和检修门，拦污栅尺寸 3m×4m（宽×高），检修门尺寸 2.5m×2.5m（宽×高）。

无压引水隧洞布置在左岸，断面为城门洞型，断面尺寸 2.5m × 3.3m，底坡为 0.7735‰，引水隧洞总长 6851.81m。侧墙及底板用钢筋混凝土衬砌，衬砌厚度 0.2m，顶拱喷混凝土。

(2) 四季河系统。四季河挡水坝为浆砌石重力坝，大坝建基面高程 882.40m，坝顶高程 904.00m，最大坝高 21.60m，坝顶长 50.80m，坝身设 3 孔 3m×4m 泄洪闸和两孔 3m×1.5m 自由溢流表孔联合泄洪。泄洪闸底槛高程 889.50m，溢流表孔堰顶高程 902.00m。

四季河引水系统进口布置在右岸，进水口拦污栅尺寸 3m×4m（宽×高），检修门尺寸 2.5m×2.5m（宽×高）。引水隧洞为有压洞隧洞，总长 3191m，断面为城门洞型，断面尺寸 1.8m×2.0m，底坡为 1.5‰，洞身喷 0.1m 混凝土厚度。

3. 前池、明管及埋管

滔河引水隧洞出口接压力前池，前池分为扩散段、进水室、溢流堰、冲砂底孔、进水口段，其中进水室底板宽 5m，断面为梯形，两侧边坡为 3∶1，前池正常水位 680.50m，校核水位为 681.00m，池顶高程 682.00m，侧堰与正常水位同高，进水口设拦污栅及检修门，拦污栅尺寸 3m×4m（宽×高），检修门尺寸 2.5m×2.5m（宽×高），进水口闸室顶高程 682.00m。

埋管由斜井、平洞、岔支管段组成，埋管管径 1.60m，总长 486.889m，设计净水头 149.30m，设计流速 4.3m/s，钢板厚度为 24～12mm。

四季河隧洞出口无调压井，直接接压力管道。明管段长 625m，设计流速 $3.98m^3/s$，钢管直径 80cm，壁厚 8～12mm，全段共 7 个镇墩，支墩墩距为 6m（图 5-28）。施工阶段对明管段进行了设计变更，压力钢管向山体内推进了 50m，加长了明管段首部的长度；调整了坡比，使全程钢管的倾斜坡比从六段变坡比调整到 3 段变坡比，将镇墩数量增加至 11 个，设计了混凝土挡墙和明管管床全段铺设 30cm 厚的混凝土面；修改了支墩体型，加强了支承体对管道侧向位移的限制，使明钢管布置更合理，提高了运行安全性。

4. 厂房

滔河、四季河系统共用一个厂房，主厂房全长 54.50m，其中安装间 15.50m，主厂房跨度 10.00m。副厂房跨度 8.50m，分为两层布置，一层布置有水机设备、励磁变压器、技术供水、中低压供气系统，二层布置有中央控制室、高低压配电、值班室等。两台主变布置在厂房外侧，开关站采用户外式，面积 37m×34.30m，110kV 出线一回，并预留一个间隔。

发电机层高程 538.00m，滔河系统水轮机安装高程 532.20m，四季河系统水轮机安装高程 538.71m。

金淌水电站厂区布置见图 5-29，电站机组见图 5-30。

图 5-28　四季河引水系统管道

图 5-29　金淌水电站厂区布置

图 5-30　金淌水电站机组

5.10　湑水河城固县马家沟水电站

5.10.1　工程概况

1. 工程位置

马家沟水电站地处汉江支流湑水河干流城固县盘龙乡境内，距城固县城68km。根据汉中市人民政府批准的规划及有关文件，马家沟水电站是湑水河干流汉中段梯级开发规划的第三个梯级，为城固县境内第一级电站。工程的开发目标为水力发电。

2. 工程主要技术经济指标

水库死水位771.00m，死库容577万m^3，正常蓄水位为794.00m，正常蓄水位以下库容2405万m^3。调节库容1828万m^3，具有季调节能力。水库总库容2970万m^3。装机规模25MW，保证出力2460kW（p=90%），多年平均发电量8350万kW·h，年平均利用小时3340h。

枢纽为Ⅲ等中型工程，大坝等主要建筑物级别为3级，电站厂房及次要建筑物为4级。大坝按50年一遇洪水（3150m^3/s）设计、500年一遇洪水（5070m^3/s）校核。考虑水库削峰后，电站厂房按50年一遇洪水（2890m^3/s）设计、100年一遇洪水（3410m^3/s）校核。工程地震烈度按Ⅵ度设防。

3. 建设及运行情况

马家沟水电站于2005年核准，2010年初步设计报告批复。马家沟水电站建设单位为汉中市恒发水电开发有限公司，现由国电城固马家沟水电有限公司运行管理；马家沟水电站工程由福建安澜水利水电勘察设计院有限公司勘察设计；主体工程由福建东水建设工程有限公司施工。2008年11月28日正式开工进行边坡开挖等相关工作，2010年6月25日开始试验性蓄水。

5.10.2　工程主要技术特点

1. 工程水文及工程地质概况

湑水河下游升仙村水文站控制流域面积2143km^2，马家沟水电站坝址以上控制流域面积1311km^2。坝址处多年平均径流量6.43亿m^3，多年平均流量20.4m^3/s。坝址多年平均悬移质输沙量23万t，推移质3.98万t，年输沙总量为27万t。

坝线河床部分及两岸760.0m高程以下，基岩坚硬，主要为结晶灰岩、硅质砂岩、花岗岩等。上部为第四纪堆积物，需防止绕坝渗漏。右岸F_1、F_2断层风化带强度低，需进行处理。NE向断层F_0（宽约10m）从库区向下游穿过坝址右岸，且处于正常蓄水位以下，可能形成向下游产生渗漏的通道。工程初期运行，右坝肩760m高程以上，存在F_1、F_2断层破碎带绕坝渗漏，右坝肩下游及廊道右坝肩侧有渗漏现象。

2. 工程布置

马家沟水电站为混合式水电站。工程主要包括引水枢纽、压力引水隧洞、调压井、电站厂房、变电站等建筑物。坝址位于马家沟，引水系统布置在湑水河左岸，厂址位于湑水河左岸石槽河汇合口，如图 5-31 所示。

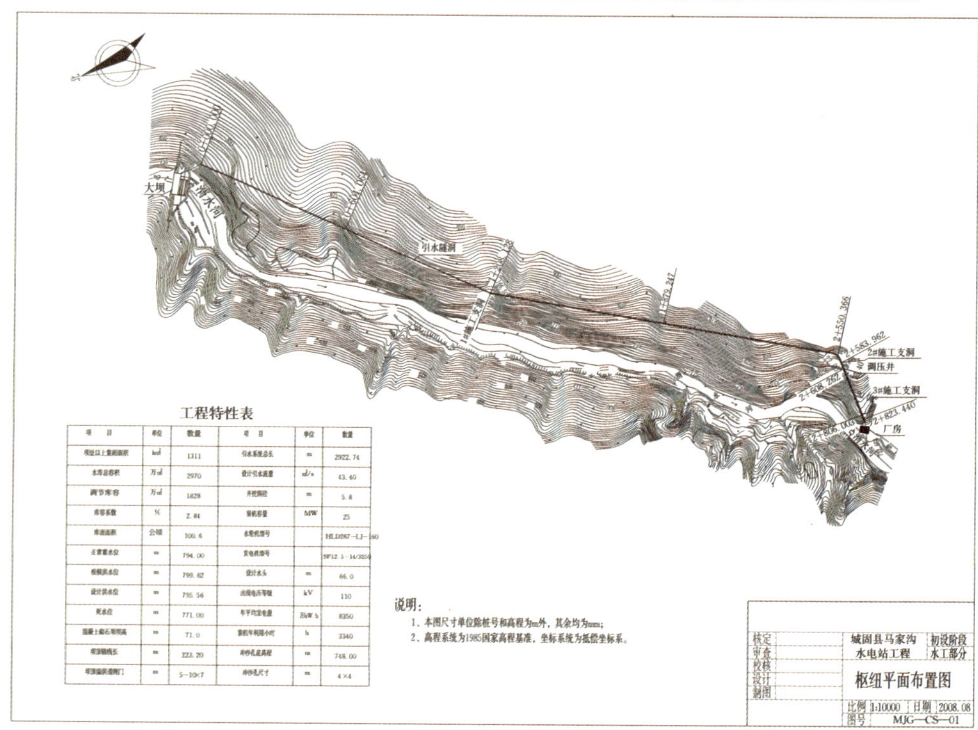

工程特性表

项目	单位	数量	项目	单位	数量
坝址以上集雨面积	km²	1311	引水系统总长	m	2922.74
水库总容积	万m³	2970	设计引水流量	m³/s	43.40
调节库容	万m³	1828	开挖洞径	m	5.8
库容系数	%	2.84	装机容量	MW	25
库面面积	公顷	100.6	水轮机型号		HLD267-LJ-160
正常蓄水位	m	794.00	发电机型号		SF12.5-14/[illegible]
校核洪水位	m	799.62	设计水头	m	66.0
设计洪水位	m	795.56	出线电压等级	kV	110
死水位	m	771.00	年平均发电量	万kW·h	8350
[illegible]	m	71.0	装机年利用小时	h	3340
坝顶轴线长	m	223.20	冲砂孔底高程	m	748.00
坝顶溢洪道闸门	m	5-10×7	冲砂孔尺寸	m	4×4

图 5-31　湑水河马家沟水电站布置

3. 大坝

(1) 工程布置。坝型为混凝土埋石重力坝。从左至右依次布置挡水坝段、进水口坝段、冲沙孔、溢流坝段及右岸挡水坝段。坝顶高程 801.00m，最大坝高 71.0m。溢流堰堰顶高程 787.0m，溢流堰顶设 5 孔 10m×7m 平板钢闸门，冲沙孔出口尺寸 4m×4m。

采用由坝身表孔和冲沙底孔联合泄洪及挑流消能的方案。较大洪水时，挑流水舌落点位于左岸岸坡，水流还会淘刷左岸岸坡而影响岸坡稳定，折冲水流冲刷右岸。要求运行单位在运行中采取科学的泄洪调度及闸门开启规则，并加强冲刷及岸坡稳定的观测，出现问题应及时处理。

(2) 进水口及引水系统。原设计为岸塔式进水口，进水口位于大坝右岸上游50m处，为节约投资并方便运行管理，改为采用坝式进水口，进水口后接50m明管后入隧洞。管床落实防护、排水措施，防止泄洪回流溯源冲刷及小冲沟山洪等造成的破坏，钢管落实防护措施（图5-32）。

图5-32　涓水河马家沟水电站建设期照片

压力引水隧洞布置在左岸，采用圆形断面，全长2823m。洞身穿越的地层岩性为黑云母花岗岩、结晶灰岩、硅质砂岩，穿越多条断层，围岩以Ⅱ、Ⅲ类为主，Ⅱ类围岩占47%，Ⅲ类围岩占30%，Ⅳ类围岩占23%。穿越的断层有十条，均以大角度与洞轴线相交，隧洞施工中对Ⅳ类围岩及断层处加强支撑。对Ⅱ、Ⅲ、Ⅳ类围岩区别对待采用混凝土喷浆、锚杆、钢筋混凝土衬砌的不同的工程支护处理方式。

调压井采用阻抗式。压力管道采用竖井式。

4. 厂房

厂房布置于涓水河与石槽河交汇处。石槽河流域面积92.1km^2，比降39‰，推移质较多。考虑石槽河洪水及石槽河与涓水河洪水遭遇情况下厂区的防洪安全，落实了相应的防护措施（图5-33）。

图5-33　涓水河马家沟水电站厂房

5. 机组装机方案

马家沟水电站采用 2×12.5MW 的装机方案。选用 HLD267－LJ－160 型水轮机。采用二机一变的扩大单元接线方式。

5.11 嘉陵江宁强县巨亭水电站

5.11.1 工程概况

1. 工程位置

巨亭水电站位于宁强县巨亭镇上游 5km 处的嘉陵江干流上。工程任务为水力发电。

2. 主要技术指标

正常蓄水位 599.0m，死水位 597.0m，水库削落深度 2.0m，调节库容 500 万 m^3。设计洪水位 594.39m，校核洪水位 600.74m，水库总库容 3265 万 m^3。

装机容量为 40MW，设计多年平均发电量 13150 万 kW·h，年平均利用小时 3280h。最大坝高 40.0m。水电站为Ⅲ等中型工程，大坝、厂房等主要建筑物级别为 3 级，次要建筑物级别为 4 级；大坝及厂房均按 50 年一遇洪水（8750m^3/s）设计、500 年一遇洪水（13600m^3/s）校核。地震动峰值加速度采用 0.15g，地震设防烈度为Ⅶ度。

3. 建设及运行情况

工程建设单位为黄河中型水电开发有限公司，初步设计报告由安康市水利水电土木建筑勘测设计院完成。2009 年项目核准，2010 年初步设计报告获批复。

工程于 2010 年 9 月开工建设，11 月完成上、下游围堰填筑及防渗，但由于嘉陵江库岸有国家铁路干线宝成铁路，水电站建设、运行不能影响铁路正常运行，库区铁路防护工程标准的大幅度提高，造成工程投资增加很大，工程停工。2011 年 9 月工程复工，2016 年 9 月下闸蓄水，3 台机组并网运行。

5.11.2 主要技术特点

1. 泥沙情况

巨亭水电站坝址控制流域面积 20573km^2，坝址处多年平均流量 128m^3/s。嘉陵江泥沙含量高，坝址悬移质多年平均输沙量为 2464 万 t，推悬比按 0.05 估算，推移质多年平均输沙量 129 万 t。多年平均含沙量 7.10kg/m^3，实测最大断面平均含沙量为 538kg/m^3（1972 年），泥沙中多数粒径为 0.025mm，平均粒径 0.043mm，最大粒径 1.0mm。巨亭入库悬移质沙量年内分配不均，主要集中在汛期 6—9 月，占年沙量的 88%。由于本库库容小，沙量相对较大，水库运行后，很快被淤满。巨亭水电站工程布置、设计及机组选型等必须高度重视泥沙问题。对水工建筑物的布置、水库排沙和电站运行方式进行优化，以最大限度减少过机含沙量，延长水轮机寿命和检修周期，保证水轮机效率，提高电站长期整体经济效益。

2. 工程布置

巨亭水电站工程为河床式水电站，主要由大坝、电站厂房等建筑物组成。采用闸坝方案，尽量降低溢流堰顶高程，降低淤积基准面，减少坝前淤积。发电厂房及其附属建筑物位于主河床的左岸，5孔泄洪排沙闸位于河道主河槽的右侧。为了使位于河床右岸的边孔（5号闸孔）的下泄水流顺流入槽，同时也有利于减少右岸高边坡开挖，并有利于改善上、下游流态和下游消能，尽量将主厂房再向左岸移动。机组进水口前布置拦沙坎。

巨亭水电站布置在嘉陵江弯道下游，受弯道影响，泄洪时坝前产生回流、涌浪。为了减少当泄洪闸泄洪时，在电站进水口前产生较大回流，恶化电站进水口前的水流条件，在电站右侧增加一道向上游延伸相当长度的纵向导墙。

20年一遇以上洪水时，下游回流严重，泥沙进入尾水渠，为防止下泄较大流量时，因导墙墙顶高程低而在尾水渠内产生较大回流，引起回流淘刷墙基并淤积尾水渠，将尾水渠下游右侧导墙适当向下游延长，并加高墙顶高程至10年一遇洪水时下游水位以上（图5-34、图5-35）。

图5-34　巨亭水电站枢纽总平面布置

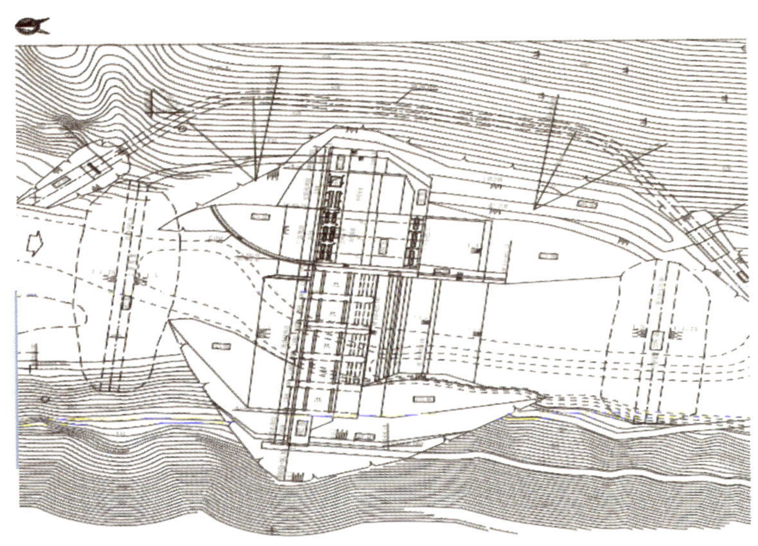

图5-35　嘉陵江巨亭水电站布置

3. 大坝

(1) 坝址地质。坝址区河床及两岸基岩均为浅变质绿泥石石英片岩，闸坝、河床式厂房基础为弱风化Ⅲ～Ⅱ类岩体，两岸为强风化下部～弱风化岩体，坝基不存在影响大坝安全的重大工程地质问题。

(2) 工程结构设计。堰顶高程 575.00m，闸顶高程 602.00m。泄洪闸下游采用底流消能，泄洪闸上游设平板检修门，1～4 号孔孔口尺寸 13m×21.5m，5 号孔孔口尺寸 13m×17.5m，采用闸顶移动式门机启闭。工作门为弧形钢闸门，孔口尺寸 13m×15m，工作门重 280t，埋件 30t，采用液压启闭机启闭（图 5－36）。

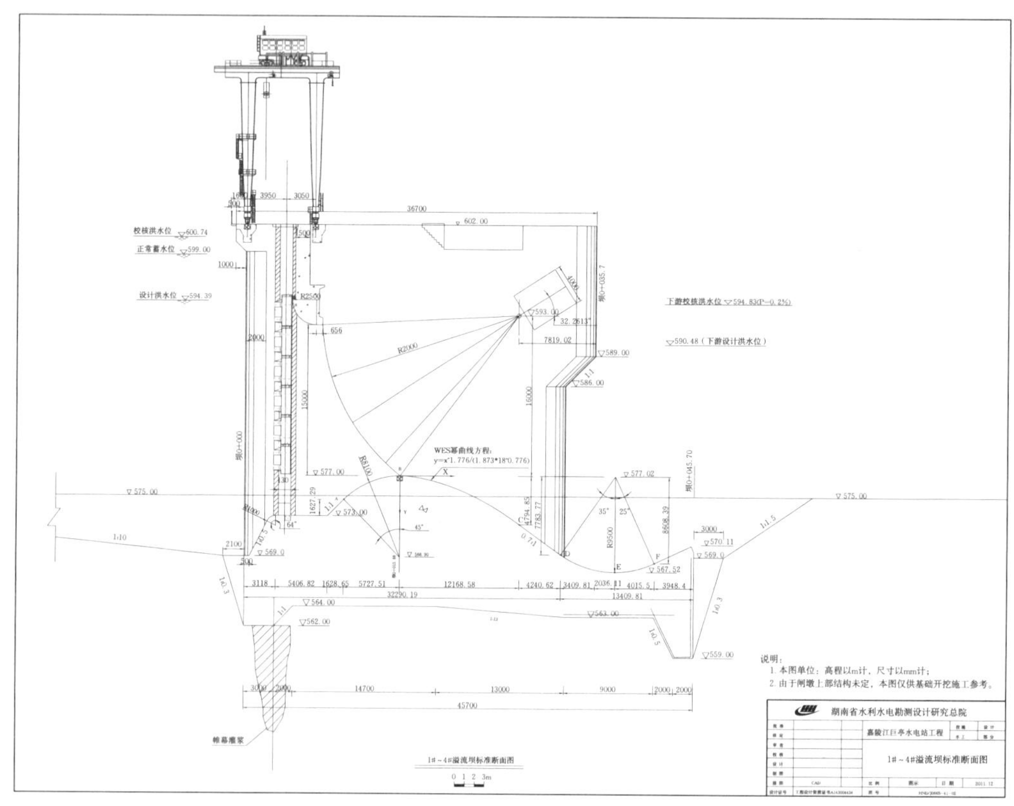

图 5－36 嘉陵江巨亭水电站泄洪闸剖面图

(3) 冲沙及拦沙。坝址 $Q>300\text{m}^3/\text{s}$ 以上时水的挟沙量达 70%左右，平均出现天数约 28d。为此选定排沙流量为 $300\text{m}^3/\text{s}$，选定造床流量为 $1480\text{m}^3/\text{s}$。报告推荐水库运行方式为：$Q<300\text{m}^3/\text{s}$ 时，水库正常运行，水库在正常蓄水位—死水位之间；$300\text{m}^3/\text{s}<Q<1500\text{m}^3/\text{s}$，水库以排沙水位 590m 运行；$Q>1500\text{m}^3/\text{s}$，水库泄空排沙运行。

制定科学的闸门运行规则，同步、均匀、对称开启，控制流态，减少闸底板局部负压，改善上、下游流态和下游消能，并减少右岸冲刷。

4. 机组

(1) 机组选型。初步设计阶段确定采用两大一小（2×16MW＋1×8MW）贯流式机组的装机方案。结合机组订货，调整为 3 台等容量（3×13.4MW）贯流式机组的装机方案。机组满发引用流量 256.6m^3/s，电站最大发电水头 23.36m。嘉陵江洪水陡涨陡落，贯流机组设计水头和变幅几乎为国内之最，技术复杂。

机组订货根据嘉陵江泥沙特性，在过流部件结构及材质、工艺及抗磨蚀措施等方面特别重视。

（2）辅助系统。

1）虑因尾水含沙量大，冷却器外壁积泥将影响冷却效率，应适当放大冷却器冷却面积和采取可行的清淤措施，优化冷却器及其进出水管路布置。

2）排水系统设计时根据河水多泥沙的特点，在排水泵选型、材质要求和排水管（沟、廊道）防淤堵、冲排泥，集水井冲淤清淤等方面采取相应措施。

3）水力监测系统设备、管路布置、管径和测头等都考虑防泥沙淤堵的措施。

5.12　金钱河山阳县猛柱山水电站

5.12.1　工程概况

1. 工程位置

猛柱山水电站是金钱河干流七级开发规划中的第六级电站，位于金钱河干流山阳县漫川镇境内，距山阳县城 90km。猛柱山水电站工程开发的主要目标为水力发电。

2. 主要技术经济指标

金钱河是汉江一级支流，河长 261km，流域面积 5610km^2，平均比降 2.2‰。猛柱山水电站坝址位于南宽坪水文站下游 20.3km 处，控制流域面积 4014km^2，厂址控制流域面积 4637km^2。坝址多年平均径流量 10.5 亿 m^3，多年平均流量 33.4m^3/s。坝址年悬移质输沙量 215 万 t，推移质输沙量 30 万 t。

猛柱山水电站拟装机容量 31MW，保证出力 4.49MW，多年平均总发电量 9417.6 万 kW·h，多年平均利用小时 3038h。最大坝高 69m，总库容 9507 万 m^3。工程为Ⅲ等中型工程，大坝等主要建筑物级别为 3 级，大坝按 50 年一遇设计、500 年一遇校核，洪峰流量分别为 4445m^3/s、8035m^3/s。厂址处 50 年一遇设计、100 年一遇校核洪峰流量分别为 4645m^3/s、5725m^3/s。地震基本设防烈度为Ⅵ度。

3. 建设及运行情况

1996 年，省计委以陕计农经函〔1996〕95 号批准立项；2001 年，以陕计项目〔2001〕653 号批准初步设计；2004 年，批准开工，后因业主变更及资金等原因停建。2013 年批准规模变更。2013 年由湖北汉成集团接手建设，2016 年投入运行。

5.12.2　主要技术特点

1. 工程规模及方案变更

猛柱山水电站从 1996 年开始开展前期工作，历时 20 年建成。其间为促进该项目建设，根据水电站技术发展及形势，结合当地实际，对装机规模等设计方案进行了适当调整（表 5－7）。

表 5－7　猛柱山水电站规模及方案变更情况表

年份	装机容量/MW	发电量/（万 kW·h）	正常蓄水位/库容/（m/m³）	死水位/库容/（m/m³）	校核洪水位/m	总库容/m³	泄洪方式	堰顶高程/m	概算投资/万元
2001	3×4		348.5/5140	338.5	356.0		自由溢流	348.5	14200
2003	3×5	6764	348.5/5140	338.5/3020	356.0		自由溢流	348.5	11705
2013	2×15.5	9417	353/8371	343.5/4952	355.65	9507	7 孔 12.0×10.0m 泄洪闸	343	37596

2. 工程布置

大坝布置在金钱河干流箭河河口以上 100m 处，厂房布置在坝下游约 1400m 处河道右岸。进水口、泄洪洞布置在坝址以上 500m 处库区右岸弯道凹岸（图 5－37）。

图 5－37　金钱河山阳县猛柱山水电站

3. 水库渗漏

水库为峡谷型水库，位于猛柱山向斜地层内。库盆由石炭系灰岩、白云岩构成，岩溶相对发育，为透水、富水层；向斜两翼泥盆系地层为有砂岩和泥质板岩夹层的不纯灰岩，构成相对隔水层。根据岩溶调查结论和现场查勘，坝址区石炭系碳酸盐类地层中，岩溶仅发育于岩体浅表层，表现为溶沟溶槽及落水洞等形态。坝址区有顺河断层 F_5，坝前两岸邻谷渗漏可能以沿断裂面渗漏为主，泥盆系相对隔水层在坝前左岸山梁"箭河口一带"有约 800m 长缺口，可能发生邻谷渗漏。相对隔水层顶板出露高程低至河床 290m。石炭系地层岩溶仅发生于河谷浅表层岩体内，以溶隙、溶孔为主，有少量孤立洞穴和岩溶大泉。在坝前水库左岸，未发现较严重岩溶现象，应暂缓对邻谷渗漏的处理，结合左坝肩帷幕施工，查明岩层透水特性，根据情况进行处理。大坝右岸也有河间地块渗漏问题，应及时开挖右岸灌浆洞和交通洞，查明岩层透水特性，确定防渗措施。建立地下水长期观测孔。大坝右岸也有河间地块渗漏问题，应及时开挖右岸灌浆洞和交通洞，钻孔做压水试验，做渗漏计算，预留地下水长期观测孔。库区灰岩与白云岩库岸顺向坡长度约4km，岩层倾角40°以上，大于自然坡角，边坡基本稳定。报告反映，李家凸小干沟内有大型岩质古滑坡体，方量大于100万m^3，分布高程在360m以上。

4. 挡水建筑物

大坝位于猛柱山倾伏向斜的转折端，坝基岩层倾向上游，两岸坝肩岩层倾向上游略偏对岸，倾角为30°～40°，对大坝抗滑稳定有利，基岩强度和承载能力足够，适于修建重力坝。两岸已开挖坝肩为弱风化岩体，无不利的软弱结构面，边坡稳定。宏观分析判断岩溶主要沿断裂发育，坝基内沿F_5断层可能有局部深槽或溶洞。应高度重视对坝基及挑流落点处F_5断层的处理问题，根据实际开挖情况，查明断层物质组成、渗透性、承载能力、防渗能力，复核断层处理深度及范围。

采用碾压混凝土重力坝坝型。坝顶高程357.0m，最大坝高69m。

5. 泄水建筑物

采用泄洪闸与泄洪冲沙洞联合泄洪，连续鼻坎挑流的泄洪消能方案。溢流堰顶高程343.0m，堰顶设7孔12.0m×10.0m（宽×高）弧形钢闸门。

泄洪排沙洞孔口尺寸5.0m×5.5m，已基本建成，泄洪排沙洞沿洞长的宽度前后不一致，泄流过程中可能会出现明满交替情况，局部可能发生汽蚀破坏，应研究落实处理措施。同时应落实泄洪洞出口消能安全措施。模型实验报告反映，在泄洪排沙洞前有立轴漩涡发生，应根据隧洞运行方式，论证其危害性，落实解决措施。确定挑射水流落点及下游冲坑位置，论证对岸坡的影响。为了避免和减轻在泄洪排沙洞的洞前有立轴漩涡发生，在隧洞进口前，应研究设置较为完善的两侧导流翼墙和较为平坦宽阔的过流地形的必要性。

6. 引水建筑物

设计引水流量81.4m^3/s，隧洞长度370.5m。根据有关规程、规范，采用多种技术措施，进行经济比较，取消了调压井。

7. 厂房

采用岸边地面式厂房。厂房沿河道呈“一”字形布置。尾水与下游玉皇滩水电站衔接。

5.13 黑河周至县木匠河水电站

5.13.1 工程概况

1. 工程位置

木匠河水电站位于黑河干流周至县陈河乡境内，厂房位于108国道32km处，距周至县城32km，是黑河流域规划的第四级电站，该工程利用自黑河干流取水的王家河电站尾水及坝址以上王家河的径流进行引水发电。引水枢纽位于王家河电站厂房处。

2. 主要技术经济指标

木匠河水电站设计水头60.8m，发电引用流量14.18m^3/s，装机容量7.5MW（3×

2.5MW)，设计多年年平均发电量 3450 万 kW·h，年利用小时数 4600h。工程为Ⅴ等小(2) 型工程，主要建筑物为 5 级；大坝按 10 年一遇洪水设计、50 年一遇洪水校核；厂房按 30 年一遇洪水设计、50 年一遇洪水校核。

3. 建设及运行情况

工程于 2005 年 9 月 1 日正式开工，于 2007 年 12 月 30 日完成主体工程，2008 年 3 月，开始试运行，总工期 32 个月。各主要水工建筑物、发电设备运行正常，能达到设计要求，已发挥了显著经济效益。

5.13.2 工程技术特点

1. 工程总布置

木匠河水电站工程由低坝枢纽、渡槽、引水隧洞、压力前池、压力竖井、水电站厂房及升压站等组成。黄草坡、王家河电站尾水直接引入。在当时设计理念下，使水能资源得到了充分利用，缺点是局部开发程度太高，河流自然河段减少。

2. 挡水建筑物

引水枢纽为浆砌石溢流重力坝，溢流坝长 30m，基础最大宽度 13.56m，最大坝高 4.5m。坝左端设冲砂闸、引水闸各一孔。渡槽全长 34.5m，设计引水流量 15.5m^3/s，槽身为箱涵结构，过水断面 3.5m×2.8m。将原来的低坝引水改为由渡槽将已建成的王家河及黄草坡电站尾水引入木匠河电站隧洞，同时修建低坝引用黄草坡电站枢纽至厂房区间水量，但由于渡槽与尾水渠垂直布置，应做好水位衔接。

3. 引水系统

引水隧洞全长 4790m，隧洞横断面为城门洞型，洞宽 3.8m、洞高 4.92m。输水工程渡槽与隧洞衔接段，因设计水深不同，施工时隧洞底高程误差较大，水面衔接不合理，隧洞输水能力达不到 15.5m^3/s 的设计指标。木匠河水电站前池、溢流侧堰，前池溢流退水渠槽未进行任何工程处理，经过近一年时间的试运行，山坡岩面冲刷比较严重。建议在今冬明春对溢流退水渠槽按正规的钢筋混凝土陡坡台阶式跌水进行砌护。

4. 地下厂房

原初步设计厂址位于距陈河乡政府上游约 900m 的黑河干流一慢弯河段右岸处，为了增加水头，厂址下移至黑河右岸，陈河乡小学对岸处，下移约 500m，增加毛水头 5.0m。

木匠河水电站厂房地处金盆水库末端，环保问题尤为重要。原初步设计推荐方案要建成露天厂房，在河道再修防洪堤等，势必要破坏河道地貌，加之陈河水文站就建在原初设所选址对岸处。电站厂房修在河道至少占去河道宽度 30m，对水文站测流也会有一定影响。又因电站若建在河道，形成类似丁坝的建筑物，会对左岸陈河乡政府处河岸构成冲刷威胁。经现场踏勘，聘请专家论证，一致认为本站址处的岩石完整，成洞条件较好，宜将木匠河电站厂房建成地下厂房。压力管道明管方案同时改为竖井方案，竖井高度 48.23m。

地下厂房平面尺寸 40m×9.95m，厂房高度 12.27m。主厂房交通洞进口平台高程 610.5m，高于百年一遇洪水位 1.6m。尾水通过尾水洞与下游河道衔接（图 5－38）。

图 5-38 黑河周至县木匠河水电站地下厂房

5. 装机容量

原初步设计报告设计水头 57.85m，装机容量 6000kW（3×2000kW）；初步设计补充报告设计水头 60.8m，装机容量 7500kW（3×2500kW）。

参 考 文 献

[1] 中华人民共和国水利部．水利水电工程技术术语．北京：中国水利水电出版社，2012.

[2] 中华人民共和国住房和城乡建设部．工程建设标准强制性条文（水利工程部分）．北京：中国水利水电出版社，2011.

[3] 姜晨光．小水电站设计要点．北京：化学工业出版社，2012.

[4] 夏建军．小型水电站安全生产标准化管理模式．北京：中国水利水电出版社，2015.

[5] 夏建军．小型水电站运行．北京：中国水利水电出版社，2016.

[6] 中华人民共和国水利部．SL 601—2013 混凝土坝安全监测技术规范．北京：中国水利水电出版社，2013.

[7] 中华人民共和国国家质量监督检验检疫总局，中华人民共和国建设部．GB 50071—2002 小型水力发电站设计规范．北京：中国计划出版社，2003.

[8] 中华人民共和国水利部．SL 168—2012 小型水电站建设工程验收规程．北京：中国水利水电出版社，2012.

[9] 张应亮．桂花水电站掺气分流墩与消力池联合应用消能效果的研究．中国水能及电气化，2011.